Discovery EDUCATION

맛있는 과학

디스커버리 에듀케이션
맛있는 과학-42 나노반도체

1판 1쇄 발행 | 2012. 5. 29.
1판 5쇄 발행 | 2018. 3. 11.

발행처 김영사
발행인 고세규
등록번호 제 406-2003-036호
등록일자 1979. 5. 17.
주 소 경기도 파주시 문발로 197(우10881)
전 화 마케팅부 031-955-3102 편집부 031-955-3113~20
팩 스 031-955-3111

값은 표지에 있습니다.
ISBN 978-89-349-5806-2 64400
ISBN 978-89-349-5254-1 (세트)

좋은 독자가 좋은 책을 만듭니다. 김영사는 독자 여러분의 의견에 항상 귀 기울이고 있습니다.
독자의견전화 031-955-3139 | 전자우편 book@gimmyoung.com | 홈페이지 www.gimmyoungjr.com
어린이들의 책놀이터 cafe.naver.com/gimmyoungjr | 드림365 cafe.naver.com/dreem365

어린이제품 안전특별법에 의한 표시사항

제품명 도서 **제조년월일** 2018년 3월 11일 **제조사명** 김영사 **주소** 10881 경기도 파주시 문발로 197
전화번호 031-955-3100 **제조국명** 대한민국 ⚠**주의** 책 모서리에 찍히거나 책장에 베이지 않게 조심하세요.

최고의 어린이 과학 콘텐츠

디스커버리 에듀케이션 정식 계약판!

Discovery EDUCATION

맛있는 과학

42 | 나노반도체

김지윤 글 | 황은혜 그림 | 류지윤 외 감수

주니어김영사

차례

1. 나노란 무엇인가요?

2. 새로운 나노 소재

3. 놀라운 나노 세상

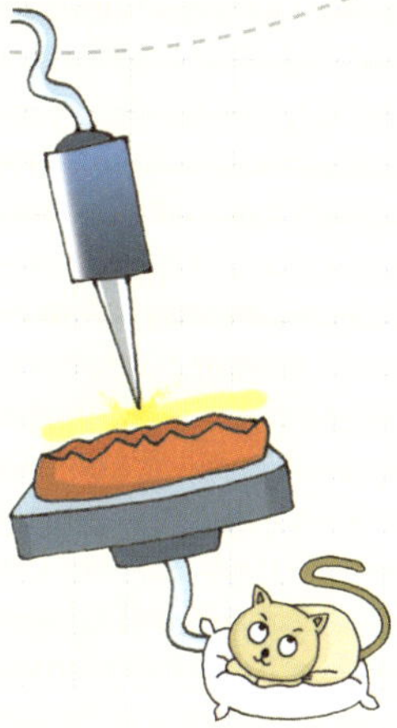

4. 신기한 반도체

5. 미래의 반도체

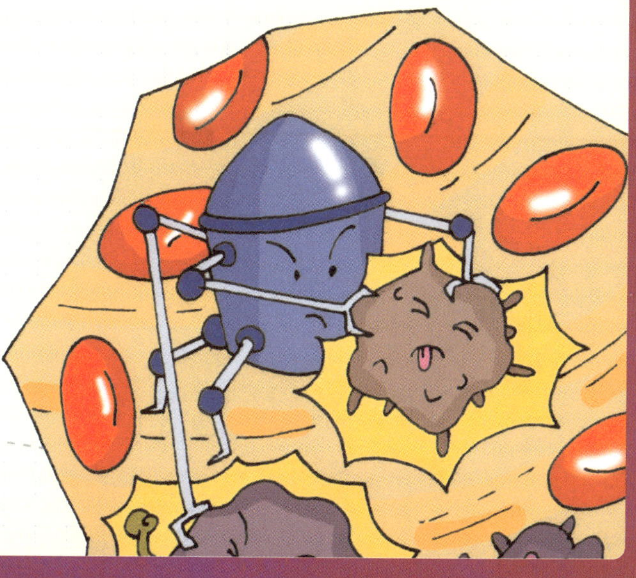

관련 교과

중학교 1학년　2. 분자의 운동
중학교 2학년　2. 물질의 구성
중학교 3학년　3. 물질의 구성

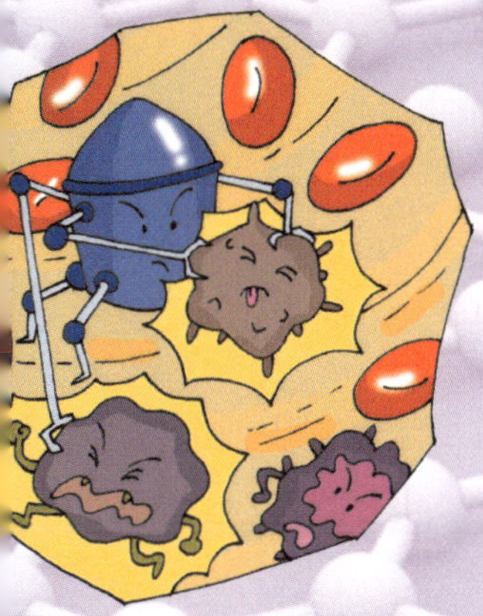

1. 나노란 무엇인가요?

센티미터(㎝)라는 단위를 알고 있나요? 이 단위보다 작은 단위는 무엇일까요? 밀리미터(㎜)입니다. 1㎜를 반으로 자르면 더 작은 길이가 나와요. 또 자르면 더 작은 길이, 또 자르면 더 작은 길이가 나오지요. 한 사람 한 사람에게 모두 이름이 있듯이, 이렇게 짧은 길이에도 모두 단위가 붙습니다. 그러면 '나노미터'는 어떤 단위의 이름인지 알아보아요.

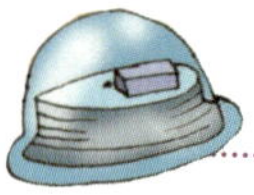

나노와 나노기술

과학이 점점 발달하면서 사람들의 호기심도 늘어 갔습니다. 과학자들이 열심히 연구하고 밝혀낸 결과, 물질을 이루는 입자 한 개를 찾아내기도 했으며, 그 입자를 이용한 기술이 주목받고 있어요. 하지만 이렇게 우리 눈에 보이지도 않는 기체보다 작은 입자에 대한 연구가 이루어지면서 문제가 생겼습니다.

나노미터

모든 물질은 원자로 이루어져 있습니다. 이 원자들 가운데 가장 작은 것이 수소 원자입니다. 수소 원자의 지름은 약 0.0000000001m밖에 되지 않아요. 수소 원자의 크기를 매번 이렇게 긴 숫자로 나타내려고 하니 번거로웠습니다. 0의 개수를 잘못 써서 다른 숫자가 되기도 했지요.

이런 불편함을 줄이기 위해 사람들은 'SI 접두어'를 만들었습니다. 나노는 SI 접두어 가운데 하나로 긴 숫자를 간단히 표현하기 위해 전 세계인이 공통으로 사용하는 단위입니다. 소수점 밑으로 0이 아홉 개 붙으면 이 아홉 개의 0을 없애는 대신 나노미터(nm)라는 단위를 사용하기로 했습니다. 따라서 수소 원자의 지름도 나노미터를 사용하면 0.1nm가 된답니다.

원자

물질의 가장 기본적인 구성 단위입니다. 하나의 핵과 핵을 둘러싼 여러 개의 전자로 구성되어 있어요. 원자 한 개 이상이 모여서 분자를 이룹니다.

나노기술

나노는 난쟁이를 뜻하는 그리스어 나노스(nanos)에서 나온 말로 10억분의 1 크기를 나타내는 분수입니다. 1나노미터는 1미터의 10억분의 1입니다. 이처럼 매우 작은 단위인 나노 크기를 나타내는 말은 난쟁이를 뜻하는 나노스에서 나왔다니, 재미있지요?

우리 머리카락 한 가닥을 10만분의 1로 나누었을 때의 길이를 1nm라고 할 수 있습니다. 이 나노 크기의 작은 세상에서 이루어지는 과학 기술을 나노기술이라고 부릅니다. 원자 하나하나를 다루어서 우리가

리처드 파인만

Richard Feynman, 1918~1988

미국의 이론물리학자입니다. 유대인이었던 아버지는 파인만이 어렸을 때부터 많은 질문을 하여 생각하는 힘을 기를 수 있도록 해 주었어요. 어린 시절 라디오를 수리하거나 금고와 자물쇠를 여는 일이 취미였다고 합니다. 그래서인지 양자전기역학에 대한 한 이론을 연구하여 1965년 노벨물리학상을 받는 뛰어난 과학자가 되었습니다.

사용할 수 있는 것들을 개발하고 만드는 것이 바로 나노기술입니다.

이 나노기술을 처음으로 세상에 발표한 사람은 미국의 물리학자 리처드 파인만입니다. 1959년 '바닥에는 풍부한 공간이 있다.' 라는 제목의 강연을 통해 사람들에게 작은 물질에 대한 가능성과 앞으로 변하게 될 세상이 어떨지 이야기했어요. 하지만 사람들은 파인만의 강연을 상상 속의 일로만 여기고 실제로 일어날 수 있다고 생각하지 않았습니다. 하지만 27년 뒤에 에릭 드렉슬러라는 과학자가 파인만의 이야기를 어떤 기술로, 어떻게 발전시킬지에 관해 《창조의 엔진》이라는 책에 썼습니다. 에릭 드렉슬러의 책은 파인만의 주장을 좀 더 믿을 수 있는 기술로 만드는 계기를 만들어 주었답니다.

나노기술의 두 가지 방식

나노기술은 우리가 이미 사용하는 방법으로 이루어집니다. 주변의 물건들을 살펴볼까요? 책상부터 천천히 살펴보세요. 보통 나무로 만들어진 책상을 생각해 보면 큰 나무를 책상 크기 혹은 작은 나무들로 자릅니다. 그런 다음 책상으로 조립하지요. 큰 나무였던 재료를 작게, 우리에게 필요한 모양으로 잘라서 사용하는 것이 대부분의 물건을 만드는 기술입니다. 이와 같은 방법을 하향식이라고 해요. 나노기술은 바로 어떤 물건을 점점 작게 하여 나노 단위의 작은 물체를 만드는 것입니다.

그렇다면 이와는 반대로 작은 것부터 쌓아 올려 붙일 수 있는 기술도 있겠지요? 이런 기술은 상향식이라고 부릅니다. 작은 입자들을 모으고 붙여서 우리에게 필요한 물건으로 만드는 것입니다.

나무를 잘라 책상과 의자를 만들 듯이, 큰 덩치의 재료를 우리에게 필요한 작은 크기로 잘라 사용하는 기술이 하향식이다.

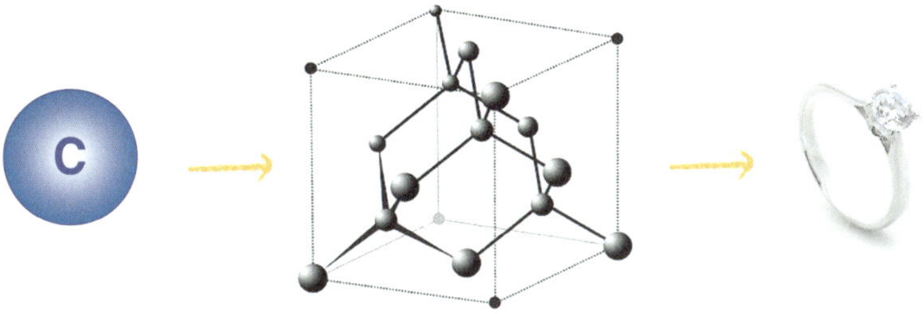

탄소 원자가 결합해 다이아몬드가 되듯이, 작은 크기의 재료를 쌓아 올려 붙이는 기술이 상향식이다.

나노기술은 왜 필요할까요?

작은 단위를 다루는 나노기술이 주목받는 이유는 무엇일까요? 작은 것들을 다룰 수 있게 되면서 우리가 지금 사용하는 많은 물건을 더 작게 만들 수 있기 때문입니다.

MP3 같은 경우 크기를 줄이는 데 한계가 있다고 생각하지요? 노래를 저장할 메모리 카드와 재생할 수 있는 부품도 들어가야 하니까요. 이런 기계의 부품을 나노기술로 매우 작게 만들어 내는 것입니다. 그러면 작으면서도 용량은 큰 귀걸이 크기의 MP3도 만들 수 있습니다. 실제로 현재 500원짜리 동전과 크게 차이가 나지 않는 MP3가 나왔습니다.

나노기술에 의해 MP3 같은 기계를 점점 더 작게 만들 수 있다.
ⓒ Chris Harrison@the Wikimedia Commons

MP3 같은 기계뿐만 아니라 사람의 몸을 치료하는 데에도 나노기술은 많은 변화를 줄 수 있습니다. 혈관을 타고 다니면서 몸속 나쁜 세포를 없애 주는 나노로봇, 우리 몸의 전체 정보를 기록할 단백질 칩 등 상상할 수 없었던 일들이 실제로 일어나게 될 테니까요.

이렇게 나노기술은 다양한 곳에 쓰이기 때문에 우리나라는 물론 세계 여러 나라가 이 기술에 많은 관심을 기울이고 있습니다. 대학교에 나노와 관련된 학과가 생겼고, 많은 나라에서 나노기술을 어떻게 발전시킬지 계획을 발표하기 시작했습니다. 모든 나라가 경쟁자이자 협력자로서 나노기술을 발전시키기 위해 힘쓰고 있습니다.

TIP 요건 몰랐지?

나노로봇

나노로봇은 크기가 수 나노미터만 한 크기로 사람의 몸속에 들어가서 나쁜 세포와 직접 싸울 수 있는 매우 작은 크기의 로봇입니다. 공기 중에 이 나노로봇을 풀어 두면 스스로 돌아다니면서 공기를 정화해 주거나 날씨 정보를 알려 주는 등의 일도 할 수 있습니다. 나노로봇이 더 발전한다면 현재 인간의 불치병으로 알려진 병들을 치료할 수 있게 될 것입니다.

벌써 우리나라 과학자들이 나노 단위의 로봇 부품을 만들 수 있는 기술에 성공했습니다. 그런데도 나노로봇이 일상생활에서는 널리 쓰이지 못하는 상태입니다. 나노라는 크기는 세포보다 작습니다. 그래서 만약 공기 중에 띄워 놓은 나노로봇이 사람의 호흡을 통해 몸에 들어갈 경우 어떤 일이 벌어질지 예측할 수가 없답니다. 사람의 몸에 들어가서 좋은 일만 하고 빠져나온다면 가장 좋겠지만, 그 반대로 몸에 해로운 일을 하고 나올 수도 있거든요. 세포보다 작은 크기의 나노로봇이 세포에 들어가 어떤 변화를 주게 될지는 아무도 짐작할 수 없습니다. 나노로봇은 매우 조심스럽게 개발되어야 하지요.

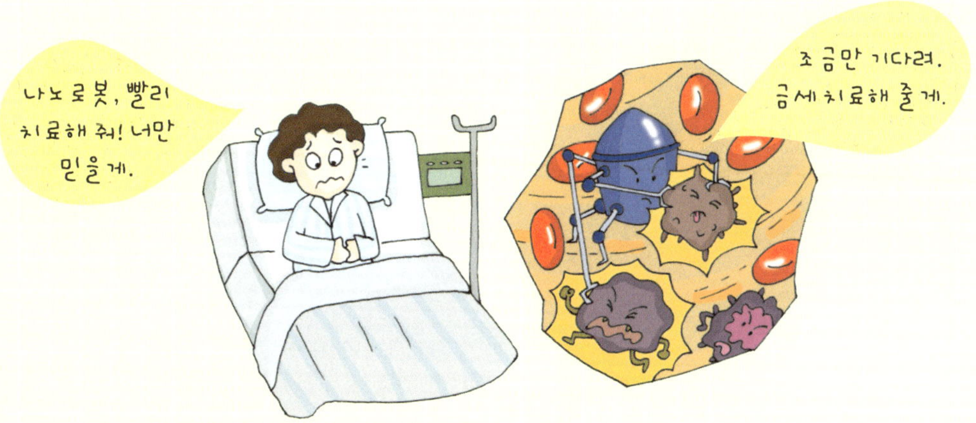

바닥의 풍부한 공간

리처드 파인만은 뉴욕의 작은 마을에서 태어났습니다. 매사추세츠 공과대학을 졸업하고 물리학 박사로서 원자폭탄을 제조하는 '맨해튼 프로젝트' 에도 참여했습니다. 파인만은 상상력이 뛰어나고 똑똑했어요. 20대 초반에 아인슈타인 같은 유명한 과학자들 앞에서 강연을 했을 정도입니다. 그 후 캘리포니아 공과대학교에서 교수 생활을 했고, 1965년 노벨물리학상을 받았습니다.

농담 같은 나노기술

로버트 오펜하이머(오른쪽)와 대화하는 파인만(가운데).

파인만이 했던 강연 가운데에서 가장 유명한 것이 있습니다. 1959년 12월 한 학술회의에서 발표했던 '바닥에는 풍부한 공간이 있다.' 라는 제목의 강연이었지요. 나노기술이 바로 이 강연에서 최초로 다루어졌습니다.

하지만 강연을 들은 사람들은 그저 흥미진진한 농담 정도로밖에 여기지 않았습니다. 당시의 과학 기술로는 나노기술을 실현하기가 어려웠기 때문이지요. 심지어 아인슈타인도 파인만의 강연을 농담으로 여길 정도였습니다. 대체 파인만의 강연은 무슨 내용이었을까요?

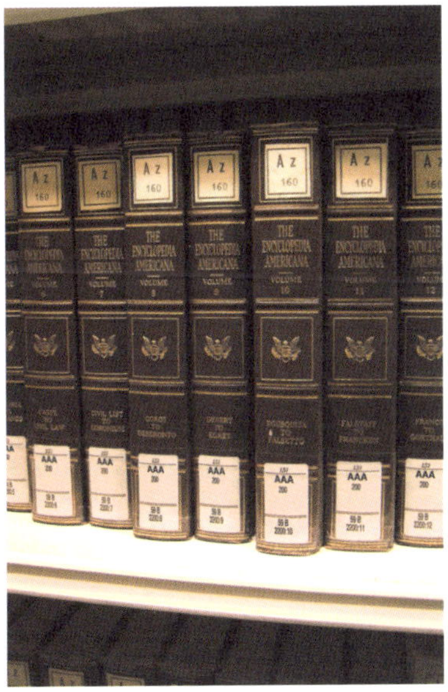
나노기술을 이용하면 수십 권의 백과사전의 내용을 핀 머리만 한 크기에 저장할 수 있다.

백과사전을 본 적이 있나요? 아주 작은 글씨가 빽빽하게 쓰여 있지요. 파인만은 브리태니커 백과사전 24권을 핀의 머리에 기록할 수 있게 될 것이라고 주장했습니다. 게시판에 게시물을 고정할 때 쓰는 작고 가느다란 핀을 알고 있지요? 나노기술을 이용하면 깨알만큼 작은 핀의 머리에 백과사전 24권의 내용을 정말로 기록할 수 있을까요?

물론 지금도 과학 기술이 많이 발전해서 백과사전을 CD 한두 장에 넣을 수 있습니다. 하지만 1㎜ 정도밖에 안 되는 핀의 머리에 이 많은 정보를 새길 수 있다니, 그 당시 사람들은 파인만의 발언을 농담으로 여길 만도 합니다.

백과사전을 핀 머리에 넣는 나노기술의 원리

핀 머리를 약 2만 5,000배 확대하면 그것이 바로 브리태니커 사전 24권을 모두 펼쳐 놓았을 때의 넓이와 같습니다. 이 말은 한 글자 한 글자를 2만 5,000배 줄이면 백과사전 24권을 핀 머리에 기록할 수 있다는 얘기가 되겠지요? 이렇게 2만 5,000배 줄인 글씨는 원자가 1,000개 모여 있는 크기라고 합니다. 이 원자들을 배열한다면 충분히 글씨를 만들 수 있습니다. 우리가 유리구슬 1,000개로 글씨를 만들 수 있듯이 원자를 이용해서 만드는 것이지요. 만약 핀 머리뿐만 아니라 핀 전체 공간에 글자를 새길 수 있다면 정말 엄청난 양을 작은 크기에 넣을 수 있게 됩니다.

그렇다면 전 세계의 책을 모두 기록하는 데는 얼마만 한 크기의 공간이 필요할까요? 같은 내용을 다루는 책을 모두 한 권으로 치고 계산하면 세상에 대략 2,500만 권의 책이 있다고 할 수 있어요. 앞에서 글자를 2만 5,000배 축소하면 핀 머리에 백과사전 24권 넣을 수 있다고 했던 것 기억하지요? 그렇다면 1㎜인 핀 머리의 약 100만 배에 해당하는 넓이면 2,500만 권을 모두 넣을 수 있다는 결론이 나옵니다. 1㎜의 100만 배는 어느 정도의 크기일까요? 1㎜의 100만 배를 책 모양으로 만든다면 얇은 잡지 정도가 됩니다. 얇은 잡지 한 권에 세상의 모든 책을 들고 다닐 수 있다니, 정말 굉장한 일이에요.

파인만이 "바닥에는 풍부한 공간이 있다."라고 주장한 이유가 바로 이 원리에 있습니다. 파인만의 설명을 다시 한 번 정리해 볼까요? 원자를 하나하나 따로 제어할 수 있는 기술이 실현되면 원하는 성질, 원하는 모양의 어떤 물건도 만들 수 있습니다. 그래서 우리 몸에 넣을 수 있는 작은 기계, 매우 튼튼한 옷감 같은 특별한 물건도 곧 발명되어 생활에 널리 쓰일 날이 온다는 것이 파인만의 생각이었습니다.

나노기술의 원동력 원자현미경

파인만이 나노기술에 대한 이론을 발표하고 30년 뒤에 원자현미경이 발명되었습니다. 이 현미경은 광학현미경, 전자현미경에 이어서 발명된 것으로서, 원자를 눈으로 볼 수 있게 해 주는 매우 뛰어난 과학 도구입니다. 원자현미경이 발명되어 원자 하나하나를 조작할 수 있다는 사실을 알게 되었습니

다. 원자현미경은 자연히 나노기술이 주목받고 발전하는 계기가 되었습니다. 원자를 제어할 수 있느냐 없느냐가 나노기술의 핵심이었으니까요. 원자현미경에 대해 좀 더 자세히 알아볼까요?

원자현미경은 무엇인가요?

원자현미경은 1980년에 들어서면서 발명되었습니다. 처음 발명된 원자현미경은 주사터널링현미경(scanning tunneling microscope)이었습니다. 그 뒤 원자간력현미경(atomic force microscope) 등 여러 현미경이 계속 발명되었어요. 이름은 매우 어렵지만 그 원리는 생각보다 간단하답니다. 주사터널링현미경부터 어떤 원리로 원자를 볼 수 있는지 살펴보아요.

주사터널링현미경

1982년 스위스 취리히 IBM 연구소에서 근무하던 하인리히 로러와 게르트 비니히는 크리스토퍼 게르버의 도움을 받아 주사터널링현미경을 발명하였습니다. 주사터널링현미경을 개발한 공로를 인정받아 하인리히 로러와 게르트 비니히는 1986년 노벨물리학상을 받기도 했어요.

주사터널링현미경은 '탐침'이라는 아주 뾰족한 침을 이용해서 원자를 살펴봅니다. 탐침은 바늘보다 훨씬 더 뾰족한 침이에요. 탐침은 침의 끝이 원자 한 개나 두 개 정도의 굵기입니다. 당연히 우리 눈으로 확인할 수 없는 굵기입니다. 침을 이용해서 미세

하인리히 로러
Heinrich Rohrer, 1933~

스위스의 물리학자로서 주사터널링현미경을 개발했습니다. 물질의 표면 구조를 원자 수준에서 알 수 있게 하여 좀 더 좋은 반도체 칩을 개발하는 데 기여했지요. 이 현미경 개발에 함께 참여한 독일의 물리학자 게르트 비니히와 그 공로를 인정받아 노벨물리학상을 탔습니다.

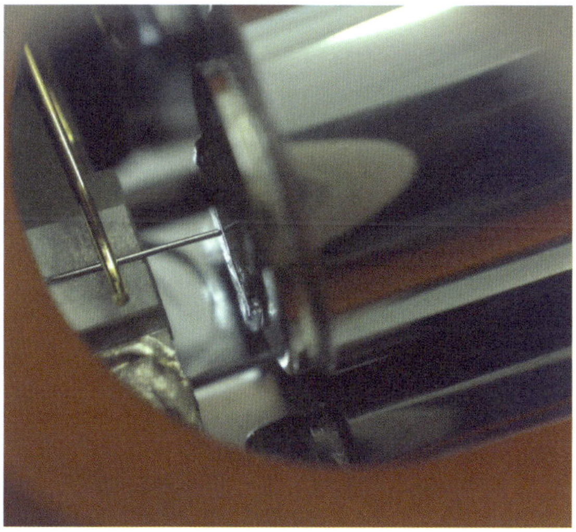
실험하고 있는 주사터널링현미경을 가까이에서 촬영한 모습.

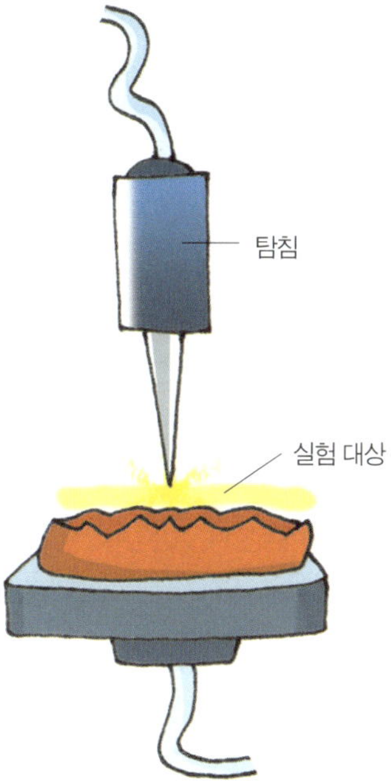

한 표면의 원자들을 알아냅니다. 탐침의 원리는 우리가 손으로 물체를 만졌을 때 그 물체가 어떤 물질로 이루어졌는지 느낄 수 있는 것과 같습니다. 손으로 옷을 만지면 천으로 이루어졌구나, 자동차를 만지면 철로 이루어졌구나를 알 수 있듯이 탐침이 물건에 닿으면 그것이 어떤 원자로 이루어졌는지 알 수 있습니다.

주사터널링현미경의 탐침을 원자 가까이에 대면 전기가 통합니다. 전기가 통하려면 원래 전자라는 입자가 움직여야 하고, 길이 연결되어 있어야 해요. 하지만 탐침과 원자 사이 같은 작은 틈은 전자가 뛰어넘을 수 있습니다. 우리가 길을 가다 작은 물웅덩이는 쉽게 뛰어넘듯이 전자도 작은 틈은 훌쩍 뛰어넘는답니다. 그래서 탐침이 가까우면 전류가 강하게 통하고, 탐침이 멀면 전류가 약하게 통하지요. 뛰어넘을 수 있는 전자의 수는 거리가 멀수록 적어질 수밖에 없습니다. 따라서 주사터널링현미경은 전류의 세기를 일정하게 유지하면서 탐침을 움직이고, 그 움직임을 기계가 읽어서 원자가 어떻게 배열되었는지를 보여 줍니다.

원자간력현미경

주사터널링현미경은 전류의 흐름을 읽어서 원자를 읽기 때문에 전기가 통하지 않는 물체의 원자를 보고 싶을 때에는 사용할 수가 없습니다. 그래서 사람들은 전류가 흐르지 않는 물체의 표면을 관찰할 수 있는 원자현미경을 발명하기 위해 노력했습니다. 그 결과 원자간력현미경이 나왔습니다.

원자간력현미경에는 두 종류가 있습니다. 탐침이 직접 원자에 닿게 하는 접촉식과 원자 위에 떠다니게 하는 비접촉식이지요. '원자간력' 이란 원자와 원자 사이의 힘이라는 뜻으로서, 실험 대상과 탐침의 원자 사이에 작용하는 힘을 읽어 내어 상을 얻습니

상(象)

무엇인가에 비친 모습을 가리킵니다. 렌즈나 거울에 비친 빛이 굴절하거나 반사하는 경로를 따라 실제 빛이 지나서 만든 상을 '실상' 이라고 하고, 빛의 경로를 반대 방향으로 연장한 곳에 상이 맺힐 때는 '허상' 이라고 합니다.

다. 실험 대상과 탐침의 원자 사이에 힘이 작용하면 탐침이 휘게 되는데, 그 휘는 정도로 상을 읽는 것입니다.

접촉식과 비접촉식의 차이점은 탐침이 원자에 닿아 움직이느냐, 떨어져서 움직이냐입니다. 하지만 둘 다 원자 위를 탐침이 움직이면서 원자 사이의 힘을 읽어내 원자의 표면을 봅니다.

이 두 가지 원자현미경 외에도 여러 종류가 발명되고 있습니다. 나노기술이 발전하기 위해서는 원자를 조작해야 하고, 원자를 조작하려면 원자를 볼 수 있어야 하므로 원자현미경은 더욱 발전할 것입니다.

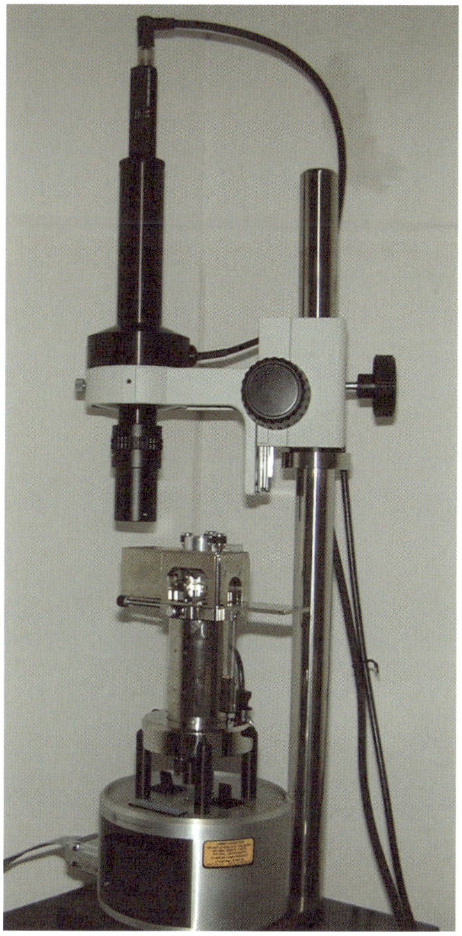
원자간력현미경.

Q&A 꼭 알고 넘어가자!

문제 1 나노란 무엇이며, 나노미터는 어느 정도의 길이를 말하나요?

문제 2 나노기술이란 무엇인가요?

3. 원자현미경은 크게 주사터널링현미경과 원자간력현미경이 있습니다. 주사터널링현미경은 탐침이라는 아주 뾰족한 침을 이용해 원자를 살펴봅니다. 탐침은 원자 한두 개 정도의 굵기입니다. 탐침이' 실험 대상에 닿으면 그것이 무슨 원자로 이루어졌는지 알 수 있습니다. 원자간력현미경은 두 가지 방법으로 원자를 관찰합니다. 탐침이 직접 원자에 닿게 하는 방법과 원자 위에 떠다니게 하는 것이지요. 실험 대상과 탐침의 원자 사이에 힘이 작용하면 탐침이 휘게 되는데, 그 휘는 정도로 상을 읽습니다.

문제 3 나노기술이 발전하는 데는 원자현미경이 꼭 필요합니다. 원자현미경의 종류와 각각의 특징을 설명해 보세요.

정답

1. 나노란 난쟁이를 뜻하는 그리스어 나노스(nanos)에서 온 말로서, 10억분의 1 크기를 나타내는 분수입니다. 1nm는 1m의 10억분의 1입니다. 원자 가운데에 수소 원자의 크기가 가장 작습니다. 지름이 0.0000000001m밖에 되지 않지요. 수소 원자의 크기를 매번 이렇게 긴 숫자로 나타내려면 번거롭기 때문에 소수점 밑으로 0이 아홉 개 붙으면 0을 없애는 대신 나노미터(nm)라는 단위를 사용하기로 했습니다. 따라서 수소 원자의 지름은 0.1nm가 됩니다.

2. 나노 기술이란 10억분의 1 크기인 나노 단위의 크기의 세상에서 이루어지는 과학 기술을 말합니다. 원자 하나하나를 다루어서 우리가 사용할 수 있는 것들을 개발하고 만드는 것이 나노 기술입니다.

관련 교과

초등 4학년 2학기 3. 열 전달과 우리 생활
초등 5학년 2학기 6. 전기 회로 꾸미기
중학교 1학년 2. 분자의 운동
중학교 3학년 3. 물질의 구성

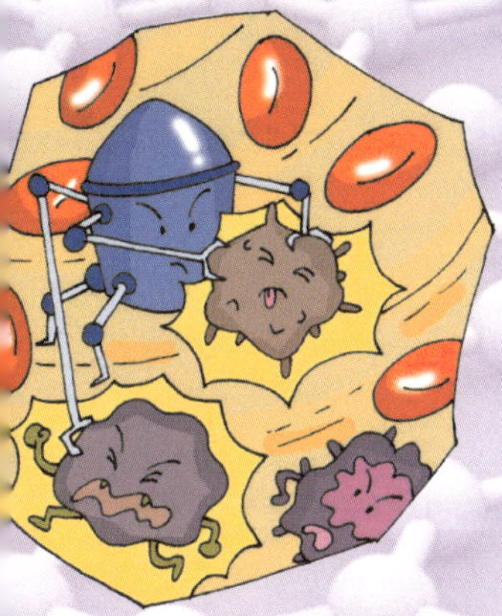

2. 새로운 나노 소재

나노기술을 이용하면 우리 생활에 많은 변화를 줄 수 있습니다. 그 가운데에 가장 큰 변화는 새로운 물질이 개발되는 것입니다. 옷을 만들려면 천이 필요하고, 자동차를 만들려면 철강이 필요하지요. 이렇게 사물의 기본이 되는 재료가 더 좋은 성질로, 더 튼튼하고 사용하기 좋게 만들어진다면 높은 품질의 물건을 만들 수 있습니다. 나노기술을 이용해 새로이 개발된 물질에는 무엇이 있을까요?

축구공 모양의 풀러렌

60개의 꼭짓점이 있는 축구공.

만약 축구공이 없다면 축구 경기를 할 수 있을까요? 축구에서 없어서는 안 될 축구공은 힘센 축구 선수들이 빵빵 차도 터지지 않습니다. 우리가 깔고 앉아도 터지지 않지요. 왜 그럴까요?

축구공에는 총 60개의 꼭짓점이 있어요. 이 꼭짓점들이 서로 연결되어 동그란 모양을 이루어요. 이 형태가 매우 안정적이어서 외부에서 센 힘을 받아도 그 모양이 유지됩니다.

벅민스터 풀러
Buckminster Fuller, 1895~1983

미국의 건축가, 디자이너, 발명가입니다. 멘사의 두 번째 회장이었습니다. 30권이 넘는 책을 낸 작가이자 시인이기도 합니다.

돔

공 같은 둥근 형태를 절반으로 자른 모양의 지붕이나 천장을 말합니다. 원시 시대의 수목 텐트의 집 모양에서 그 기원을 찾을 수 있습니다.

풀러렌을 발견한 벅민스터 풀러

미국의 건축가였던 벅민스터 풀러는 1967년 몬트리올 국제박람회에서 돔 건축물을 지었습니다. 건축물은 합금, 플라스틱 같은 가벼운 재료를 이용해서 만들었는데, 돔 모양으로 만들어서 기둥이 필요하지 않았습니다. 축구공을 반으로 잘라 세워 놓으면 그 안에 공간이 생기죠? 그 공간을 건물로 이용하도록 지은 거예요. 많은 사람이 가벼운 재료로 튼

벅믹스터가 디자인한 지오데식 돔. ⓒ Eberhard von Nellenburg@the Wikimedia Commons

튼하고 넓은 건물을 지어서 놀랐습니다. 벅민스터가 지은 이 돔 건축물을 지오데식 돔이라고 합니다.

이 건축가에 의해서 새로운 나노 소재인 풀러렌이 밝혀졌다고 해도 틀린 말은 아니에요. 무슨 뜻이냐고요? 탄소는 원자들과 어떤 모양으로 결합하느냐에 따라서 다른 성질을 띠는 물질입니다. 탄소가 판 모양으로 결합하면 우리가 연필심으로 쓰는 흑연이 되고, 정사면체로 결합하면 비싼 보석인 다이아몬드가 된답니다. 숯은 흑연 가루가 모여서 이루어진 것이고요. 탄소라는 같은 원소로 이루어져 있지만 어떻게 결합하느냐에 따라 전혀 다른 성질을 가진 물질이 됩니다. 벅민스터 풀러는 탄소의 이런 성질을 이용하여 풀러렌을 발견했습니다. 탄소가 돔 모양으로 배열되면 색다른 성질을 띠게 된다는 사실을 알게 된 거예요.

■ 탄소의 결합 형태

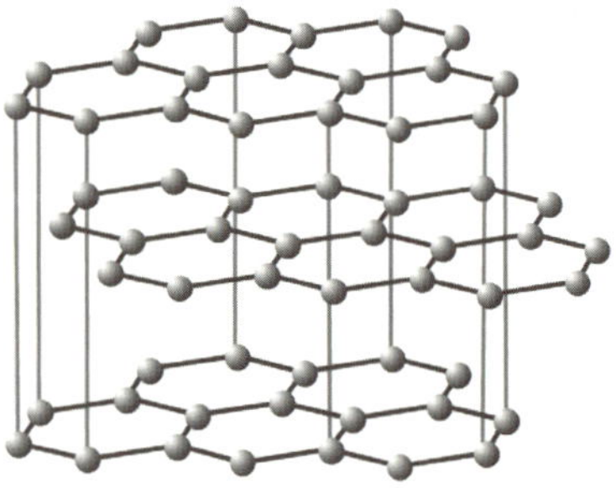

탄소가 판 모양으로 결합하면 연필심이 된다.

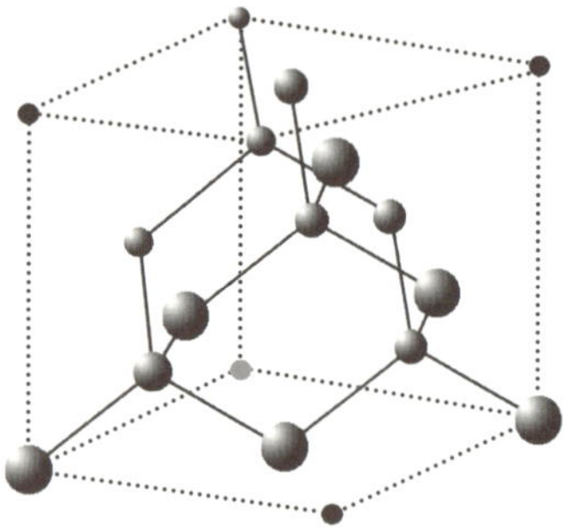
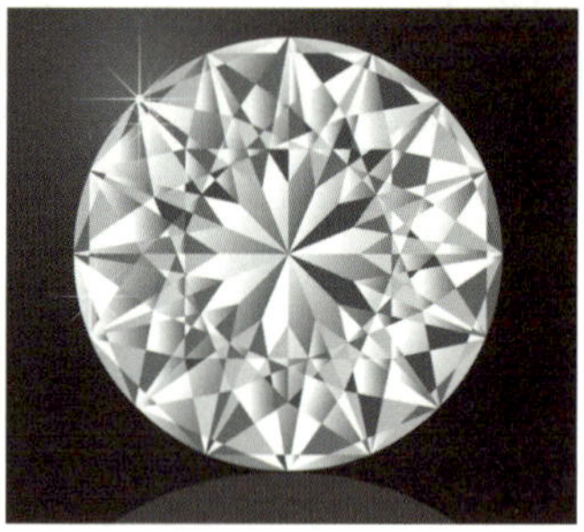

탄소가 정사각형으로 결합하면 다이아몬드가 된다.

헬륨 가스 속에서 흑연에 레이저 광선을 쏘았더니 흑연과 다른 성질을 띠는 검은 가루가 생겼어요. 이 가루를 자세히 조사해 본 결과, 탄소 원자 60개로 이루어졌다는 사실을 발견했습니다. 풀러는 이것이 돔의 형태로 이루어졌으리라 생각했습니다. 또한 이 물질의 튀는 성질도 발견해 이때부터 풀러렌이라고 불렀습니다. 자기 이름을 따서 지은 것이지요.

하지만 이때까지는 엄연히 추측일 뿐이었습니다. 1991년이 되어서야 제대로 관찰하여 정말 풀러렌이 축구공 형태라는 사실을 밝혔습니다.

축구공은 오각형과 육각형이 번갈아 붙은 모양입니다. 이 도형들이 만나는 모서리마다 탄소 원자가 박혀 있는 형태가 바로 풀러렌의 구조입니다. 축구공의 꼭짓점의 개수는 종류마다 다르지만 축구 경기에서 가장 널리 쓰이는 축구공의 꼭짓점 개수는 60개입니다. 풀러렌도 탄소 60개가 결합해 축구공과 같은 모양을 이룰 수 있습니다. 1996년 풀러렌을 정식으로 밝혀낸 해럴드 크로토, 리처드 스몰리, 로버트 컬은 노벨화학상을 받았습니다.

탄소가 돔 모양으로 결합하면 풀러렌이 된다.

풀러렌의 성질과 활용

풀러렌은 공 모양이기 때문에 미끄러운 성질이 있습니다. 작은 공 모양의 입자가 많으므로 당연히 미끄럽겠지요. 구슬을 밟으면 미끄러져 넘어지듯이, 풀러렌의 표면도 구슬처럼 동글동글 매끄럽습니다.

풀러렌의 이런 성질 덕분에 윤활제로 개발될 수 있습니다. 윤활제는 자동차와 같은 각종 기계가 움직일 때 마찰을 줄여 주기 위해 사용되지요.

또한 축구공이 잘 터지지 않듯이 풀러렌도 그 모양이 잘 깨지지 않아서 다른 물질과 잘 결합하지 않습니다. 물질들은 다른 물질과 결합하면서 독성을 갖지만 풀러렌은 독성이 거의 없고 튼튼합니다. 이런 성질을 잘 이해하면 의학 분야에도 널리 활용할 수 있습니다.

그 외에도 풀러렌은 단단한 플라스틱을 만드는 법, 질긴 옷을 만드는 등 여러 분야에서 연구되고 있습니다.

TIP 요건 몰랐지?

나노윤활유

자동차나 모든 기계에는 윤활유가 필요합니다. 기계들은 철로 만들어지고, 사람이 작동을 멈추지 않는 한 계속 움직입니다. 그러다 보니 철끼리 서로 부딪쳐 닳거나 열이 나기도 하지요. 두 손바닥을 비비면 열이 나듯이 쇠도 두 개 이상이 서로 부딪칠 때에는 열이 납니다. 이렇게 열이 나고 망가지는 것을 방지하기 위해 기계에 윤활유를 넣어 줍니다. 하지만 현재 널리 사용되고 있는 윤활유는 어느 정도 기간이 지나면 교체해 주어야 해요. 기계를 부드럽게 해 주는 대신 영구히 쓸 수는 없습니다.

이렇게 때마다 교체해 주어야 하는 윤활유는 환경을 많이 오염시킵니다. 또한 계속 만들어야 하기 때문에 비용도 많이 들어요. 만약 나노윤활유를 사용하면 이런 불편함을 줄일 수 있습니다. 나노윤활유는 풀러렌이나 풀러렌과 비슷한 분자를 섞은 물질을 말합니다. 풀러렌은 미끌거리는 성질이 있기 때문에 윤활유에 풀러렌을 섞어 주면 훨씬 좋은 윤활유가 됩니다. 풀러렌이 들어간 윤활유는 기계가 닳는 것을 더욱 잘 막아 주고 미끄럽게 해서 좀 더 오래 사용할 수 있도록 해 줍니다. 물건을 오래 사용하는 것은 물론 적은 에너지로도 같은 양의 일을 할 수 있으므로 에너지가 훨씬 절약되지요.

아빠! 그냥 윤활유를
넣으면 어떡해요!
나노 윤활유 넣어야죠.

강철보다 튼튼한 탄소나노튜브

벌집이 어떤 모양인지 알고 있나요? 벌집은 육각형의 도형이 빽빽이 연결된 모습입니다. 벌들이 자신의 집을 이 모양으로 짓는 이유는 무엇일까요? 육각형 벌집은 매우 튼튼한 구조입니다. 탄소나노튜브도 이 벌집 모양을 하고 있답니다.

육각형으로 연결된 벌집. ⓒ Waugsberg@the Wikimedia Commons

탄소나노튜브의 발견

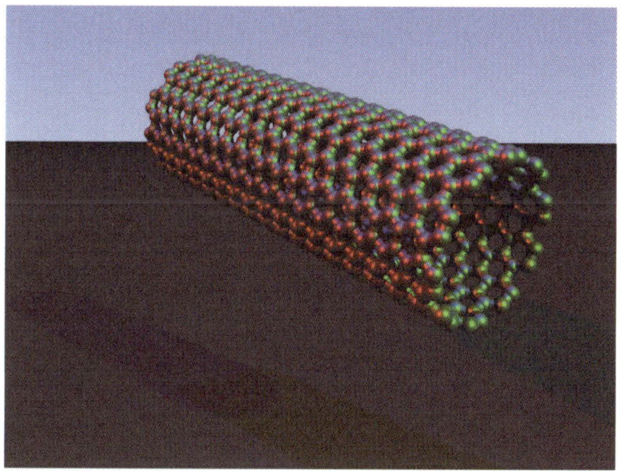
탄소나노튜브.

1991년 일본 전기 회사 연구소의 이지마 스미오 박사가 처음으로 탄소나노튜브를 발견했습니다. 그 후 본격적으로 탄소나노튜브를 연구하기 시작했지요. 이 탄소나노튜브는 풀러렌처럼 탄소로 이루어져 있습니다. 풀러렌이 축구공 모양으로 탄소가 결합해 있다면 탄소나노튜브는 벌집처럼 육각형 구조가 연속으로 이어져 있는 작은 튜브 형태입니다. 관처럼 동그랗게 말린 상태이지요.

탄소나노튜브는 다른 재료보다 매우 강도가 높고, 열을 전달하는 전도체이기도 합니다. 쇠는 열을 점점 옆으로 전하기 때문에 가스레인지로 냄비의 밑부분만 가열해도 위까지 뜨거워집니다. 이런 물체를 전도체라고 해요. 반대로 냄비의 손잡이 부분은 플라스틱이나 나무로 되어 있어 그 부위는 덜 뜨겁습니다. 이 나무나 플라스틱은 열을 전달하지 않기 때문이에요. 이렇게 열을 전달하지 않는 물체를 부도체라고 합니다.

전도체

전기나 열에 대한 저항이 매우 작아서 전기 또는 열을 잘 전달하는 물체를 말합니다. 다른 말로 '도체'라고 하지요. 구리, 알루미늄, 은 등이 전도체입니다.

부도체

전기나 열에 대한 저항이 매우 커서 전기 또는 열을 잘 전달하지 못하는 물체를 말합니다. 다른 말로 '절연체'라고 해요. 종이, 나무, 유리, 고무 등이 부도체입니다.

또한 전기를 통과시키는 탄소나노튜브를 여러 개 겹치면 반도체를 만들 수 있다는 사실이 밝혀졌습니다. 반도체가 무엇인가요? 전기를 통하게도, 통하지 않게도 조절할 수 있는 물체입니다.

이 원리를 잘 이용하면 반도체 기술이 사용되는 컴퓨터의 램(RAM, random access method), 디지털 카메라나 MP3에 쓰이는 메모리칩에 큰 변화가 생길 것입니다.

가장 일반적인 단일벽 탄소나노튜브는 흑연을 이루는 탄소층 하나를 말아서 관 모양으로 만든 것입니다. 우리는 앞에서 흑연은 탄소가 판 모양으로 결합해 쌓여 있는 구조라고 배웠지요. 판 모양이기 때문에 동그랗게 말 수 있습니다. 이 탄소나노튜브는 강철보다 더 강한 강도를 가졌습니다. 철과 탄소나노튜브를 똑같은 굵기로 만들어 양쪽에서 잡아당기면 탄소나노튜브는 강철보다 100배의 힘을 주어야 끊어진다고 해요. 하지만 가운데가 비어 있는 관 모양이기 때문에 비틀리기도, 휘기도 하지요. 탄소나노튜브의 이런 성질 덕분에 강하면서도 유연한 물질을 개발할 수 있습니다.

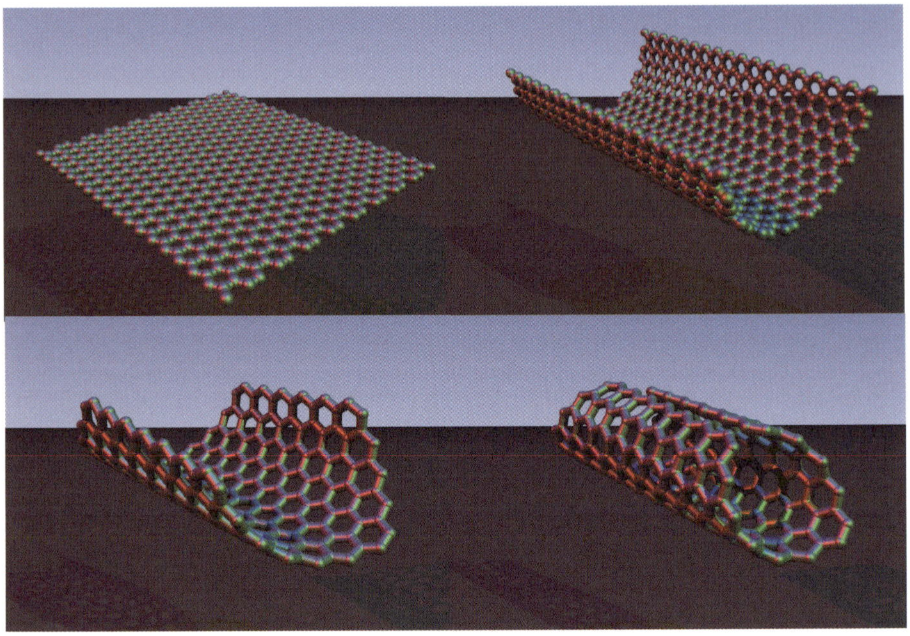
탄소나노튜브는 철보다 강하지만 속이 비어 있기 때문에 다양한 모양으로 변형될 수 있다.

탄소나노튜브의 활용

탄소나노튜브를 대량으로 만들면 우리 생활에 어떤 변화가 생길까요? 우선 메모리 반도체에 많은 영향을 줄 수 있습니다. 메모리 반도체는 쉽게 말해 컴퓨터나 MP3에 저장 공간을 만들어 주는 부품입니다. 저장할 수 있는 부품은 크기가 작으면서도, 용량이 클수록 좋은 성능을 가졌다고 말할 수 있겠지요? 탄소나노튜브를 활용하면 크기가 작고 용량이 큰 부품을 만들 수 있답니다.

탄소나노튜브는 탄소를 김처럼 얇게 펴 말아 놓은 상태이며, 매우 작아서 우리가 볼 수 없는 크기입니다. 이 작은 크기의 탄소나노튜브가 하나의 반도체 역할을 할 수 있다고 하니 얼마나 작은지 상상이 되나요? 탄소나노튜브를 여러 개 겹쳐 사용하면 작고 용량이 큰 메모리 카드를 만들 수 있을 것입니다.

탄소나노튜브를 페인트 만드는 재료와 섞어서 비행기에 바르면 비행기가 벼락 맞아 추락하는 것을 막을 수 있다고 합니다. 탄소나노튜브는 전기가 잘 통해서 스스로 대기 속의 전기를 흡수할 수 있기 때문입니다. 이 밖에도 배터리, 옷을 만드는 강한 섬유, 몸에 들어가 우리 몸을 지켜 주는 센서 등 여러 곳에서 탄소나노튜브가 응용되리라 기대됩니다.

탄소나노튜브 활용의 걸림돌

탄소나노튜브를 우리 생활에 활용하면 매우 편리하고 좋은 물건을 많이 만들 수 있지만 안타깝게도 쉬운 일은 아닙니다. 사실 탄소나노튜브는 많은 장비를 갖춘 실험실뿐 아니라 집과 같은 보통 장소에서도 만들 수 있음에도 대량으로 만드는 데는 문제가 있습이다. 탄소나노튜브의 대량 생산에 걸림돌이 되는 것은 무엇일까요?

탄소나노튜브 파우더. 현재 만들어지는 탄소나노튜브는 가루 형태다.
ⓒ Shaddack@the Wikimedia Commons

탄소나노튜브를 활용해서 생활용품을 만들기 위해서는 일정한 크기와 굵기의 탄소나노튜브가 필요합니다. 그렇지만 일반적으로 만들어지는 탄소나노튜브는 여러 가지 크기가 나옵니다. 완벽한 것과 정상이 아닌 것이 섞여 나오지요. 일정한 크기로 사용하기 좋은 탄소나노튜브만 만들어 내려면 높은 기술이 필요합니다. 그 기술에는 많은 비용이 들기 때문에 우리 생활에 직접 활용할 만큼 대량으로 만들어 내기가 아직은 어렵습니다.

나노와이어

우리가 편리하게 살기 위해서는 많은 물건이 필요합니다. 옷, 신발, 가방 등 꼭 필요한 물건들이 있어요. 이런 물건들은 재질이 질기고 튼튼할수록 좋겠지요? 나노기술은 우리 생활에 필요한 물건들을 튼튼하게 해 줍니다. 나노기술로 여러 가지 소재에 많은 변화를 주었는데, 그중 하나가 나노와이어입니다.

나노와이어란 무엇인가요?

나노와이어란 다른 말로 나노 끈입니다. 나노 단위의 얇은 끈을 가리키지요. 나노 단위는 10억분의 1 크기를 나타내는 분수라고 했지요. 나노와이어는 머리카락 굵기의 1,000분의 1 정도까지 얇아진다고 생각하면 됩니다. 아직은 나노 수준의 작은 물건을 만드는 기술이 덜 발달되어 생활에 많이 활용되지는 않지만 곧 엄청난 변화가 오리라 기대됩니다. 지금도 나노 단위의 굵기로 나노와이어를 만들 수는 있습니다. 아직 우리 생활에 이용할 만

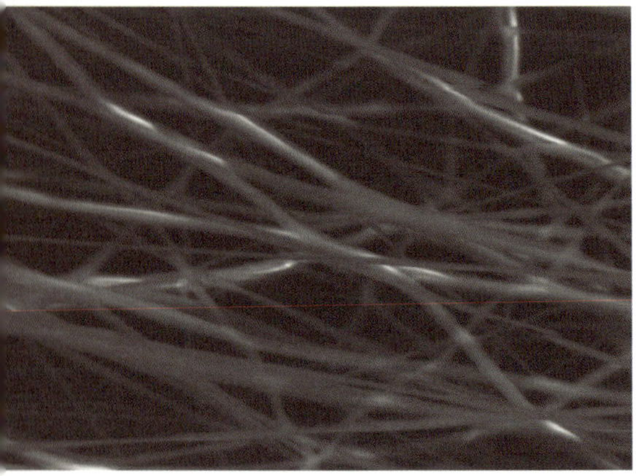

머리카락 굵기의 1,000분의 1인 나노와이어.

큼의 기술까지는 발전하지 못했을 뿐이에요.

나노와이어는 여러 가지 물질을 이용해서 만들 수 있습니다. 필요한 성질을 가진 재료로 나노와이어를 만들어 여러 분야에 이용할 수 있겠지요. 만들고 싶은 재료를 녹여서 아주 작은 가루 형태로 만들고 실리콘과 수소의 화합물인 실레인과 같은 물질을 입혀 주면 나노와이어를 만들 수 있습니다. 만약 백금으로 이런 과정을 거치면 나노크리스털이라고 불리는 나노와이어가 생깁니다.

나노크리스털을 처음 만든 사람은 캘리포니아 대학교의 한 연구원이었어요. 백금으로 성공한 이후에 여러 가지 다른 소재로 나노와이어를 만들어 냈습니다. 이렇게 만들어진 나노와이어는 의학, 공학, 반도체 등의 분야에서 새로이 발전할 수 있는 가능성을 보여 주었어요.

나노디바이스

기계가 발달될수록 사람들은 점점 작고 용량이 큰 기구들을 원하게 되었어요. 컴퓨터만 해도 사람이 들고 다니기에 충분히 작아졌잖아요. 지금도 컴퓨터를 어떻게 하면 더욱 작으면서도 큰 용량의 기계로 만들 수 있는지 연구하고 있습니다. 이처럼 작고 큰 용량의 기계를 사람들이 선호하다 보니 나노와이어를 어떤 분야에서 어떻게 응용할 수 있는지가 가장 큰 관심사입니다. 일본에서는 이미 이런 방법을 개발했고, 이 방법을 일컬어 나노디바이스라고 부릅니다.

나노디바이스는 나노 물질과 기술을 이용한 장치로서 여러 전자 기기를 만드는 장치 그 자체를 말합니다. 전기분해를 이용한 기술이지요. 전기분해는 어떤 물질에 전기를 흘려보내 주면 그 물질을 이루던 분자가 쪼개어지는 현

인력

두 가지 물체가 서로 끌어당기는 힘을 말합니다. 자석을 쇠붙이 가까이에 두면 서로 끌어당기는 것이 인력의 대표적인 예입니다. 서로 밀어내는 힘은 '척력'이라고 합니다.

상을 말합니다. 쪼개진 입자들은 (+)극이나 (-)극을 띠게 되고, 우리가 걸어 준 전기의 극으로 끌려갑니다. 인력에 의해 (+)극을 띤 입자는 (-)극으로, (-)극을 띤 입자는 (+)극으로 끌려가 원래의 성질을 잃어버립니다. 우리가 만들고 싶은 재료에 전기분해 방식을 적용하면 입자들 스스로 붙어서 사람이 만들지 못하는 나노와이어 형태를 만듭니다. 이렇게 입자들 스스로 나노와이어를 만들 수 있도록 하는 것이 나노디바이스입니다.

나노와이어와 의학 기술

우리는 뇌에서 모든 명령을 내려 생활하지요. 그렇기 때문에 뇌를 다치면 식물인간이 되어 움직이지 못하고, 심지어 죽기까지 합니다. 나노기술이 뇌를 연구하는 데 큰 역할을 할 수 있습니다. 나노와이어를 이용하면 뇌가 내린 명령이 우리 몸에 어떻게 전해지고, 또 내려진 명령이 어떤 과정을 거쳐 실행되는지 더 자세히 연구할 수 있습니다.

나노와이어는 매우 얇기 때문에 몸속 혈관에 나노와이어를 넣어도 피가 흐르는 것을 방해하거나 몸에 큰 변화를 주지 않습니다. 나노와이어를 몸속 모든 혈관에 연결해 뇌까지 이으면 혈관 속을 직접 관찰해 모든 세포가 어떻게 움직이는지 정보를 얻을 수 있습니다. 정말 이 기술이 실현된다면 의학이 놀라운 수준으로 발전할 수 있습니다.

TIP 요건 몰랐지?

빨지 않아도 깨끗한 옷

나노옷이라는 말을 들어 보았나요? 2007년 한 대학생이 공기 속에 있는 나쁜 물질을 걸러낼 뿐만 아니라 빨 필요도 없는 나노 소재의 옷을 개발하여 큰 화제가 된 적이 있습니다.

미국의 코넬 대학교의 패션디자인학과에 다니던 학생의 이름은 올리비아 옹입니다. 옹은 섬유 분야 전문가와 힘을 합쳐 이 옷을 만들었고, 학교에서 열린 패션쇼에서 처음 선보였습니다. 사람들의 반응은 매우 뜨거웠지요. 옹이 살던 로스앤젤레스는 스모그가 굉장히 심했고, 그 대처 방안을 고심하다가 이런 옷을 떠올리게 되었다고 합니다.

공기 속에 있는 감기나 독감 바이러스를 잡기도 하고 스모그까지 분해할 수 있는 이 나노옷에 군대와 관련된 사람들도 많은 관심을 보였어요. 전쟁에서 생화학 무기에 대비해야 하니까요.

이 옷의 비밀은 모두 나노 입자에 숨어 있습니다. 과학자들은 면섬유와 나노 입자가 서로 다른 전기성을 지닌다는 점, 그리고 금속 소재의 나노 입자가 공기 속의 바이러스를 흡수할 수 있다는 점을 기초로 이 옷을 개발했습니다. 옷에 코팅된 나노 입자가 주변 공기 속에 있는 해로운 물질을 미리 흡수해서 공기를 깨끗이 청소해 주는 것입니다.

그렇다면 왜 나노옷은 세탁할 필요가 없을까요? 이 옷의 개발자는 나노 입자가 너무 작고 조밀해서 어떤 물질도 이 사이를 통과하여 흡수될 수 없기 때문이라고 설명했습니다.

Q&A 꼭 알고 넘어가자!

문제 1 새로운 나노 소재 풀러렌은 어떻게 발견되었으며, 어떤 구조로 이루어져 있나요?

문제 2 강철보다 튼튼한 탄소나노튜브는 어디에 활용되나요?

니다. 탄소나노튜브를 여러 개 겹쳐 크기는 매우 작으면서 용량은 큰 메모리 부품을 만들 수 있습니다. 실제로 컴퓨터, MP3와 같은 전자 제품은 처음에 나왔을 때보다 용량은 크면서도 크기는 작아졌습니다.

3. 나노와이어란 나노 단위의 얇은 끈을 가리킵니다. 나노 단위는 10억분의 1 크기를 나타내는 분수이고 나노와이어는 머리카락 넓이보다 1,000분의 1 정도 얇은 끈입니다. 나노와이어는 여러 가지 물질을 이용해서 만들 수 있습니다. 필요한 성질에 따른 물질을 이용해 나노와이어를 만들어 다양하게 활용할 수 있겠지요. 의학 분야가 그 예입니다. 나노와이어를 몸속 혈관 전체에 연결해 뇌까지 이으면 모든 세포가 어떻게 움직이는지 정보를 얻을 수 있습니다.

문제 3 나노와이어란 무엇이며, 어디에 활용되나요?

정답

1. 벅민스터가 헬륨 가스 속에서 흑연에 레이저를 쏘았더니 흑연과 다른 성질을 지닌 검은 가루가 생겼습니다. 이 가루가 탄소 원자 60개로 이루어졌다는 사실을 발견했고, 이것이 돔 모양으로 이루어졌으리라 생각했습니다. 훗날 1991년 과학자들에 의해 풀러렌이 축구공처럼 60개의 꼭짓점으로 연결된 구조임이 밝혀졌습니다. 축구공은 오각형과 육각형이 번갈아 붙은 형태인데, 모서리마다 탄소 원자가 박혀 있는 것이 바로 풀러렌입니다.

2. 벌집처럼 육각형 구조로 이루어져 매우 튼튼한 탄소나노튜브를 여러 겹 겹치면 반도체를 만들 수 있습니다. 이 기술을 잘 활용하면 컴퓨터의 램, 디지털 카메라나 MP3에 쓰이는 메모리칩에 큰 변화가 생길 것입

관련 교과

초등 4학년 2학기 3. 열 전달과 우리 생활
초등 5학년 1학기 2. 전기 회로
초등 6학년 2학기 5. 연소와 소화
중학교 3학년 3. 물질의 구성

3. 놀라운 나노 세상

지금까지 나노가 무엇인지, 나노기술이 우리 생활에 어떻게 활용될지 알아보았어요. 만약 지금까지 살펴보았던 나노기술이 실현된다면 우리가 상상하지 못한 일들이 실제로 가능해질 것입니다. 상상하지 못할 그 일들이 무엇인지 몇 가지 알아보아요.

다른 성질이 돼요

흙 속에서 분해되는 플라스틱

플라스틱이 어디에 쓰이는지 아나요? 핸드폰의 몸체, 볼펜의 겉 부분, 일회용 숟가락 같은 것이 플라스틱으로 이루어졌습니다. 이런 물질들은 모두 전기가 통하지 않습니다. 그래서 전선을 감싸는 물질도 플라스틱의 한 종류로 만듭니다.

플라스틱이 처음 만들어졌을 때는 한번 만들면 다시 녹일 수 없었지만, 곧 만들었다 녹일 수 있는 플라스틱이 개발되었답니다. 또 이제껏 플라스틱은

나노 기술이 발달하면
먹을 수 있는 플라스틱도
나오려나?
과자

분해되는 플라스틱으로 만든 숟가락, 포크, 나이프.

썩지 않는 화합물이었습니다. 하지만 나노기술 덕분에 흙 속에서 분해되는 플라스틱도 개발되었습니다. 플라스틱도 나노기술을 통해 더욱 진화하고 있습니다.

전기가 통하는 플라스틱

물체를 두 가지로 크게 나누어 보면 전기가 통하는 것과 통하지 않는 것이 있습니다. 통하는 것은 도체, 통하지 않는 것은 부도체라고 한답니다. 물체를 이루는 원자 속에 있는 전자가 자유롭게 움직일 수 있어야 도체가 됩니다. 이 전자가 움직임으로써 전류가 흐르니까요.

전자

(–)전하를 가진 아주 작은 입자로서 모든 물질의 구성 요소입니다. 물질의 가장 기본 단위인 원자 안에서 원자핵 주위를 돌고 있습니다. 전자는 톰슨이 가장 먼저 연구하였습니다.

플라스틱은 여러 원자가 사슬처럼 연결된 구조로 되어 있고, 대부분 탄소 원자로 이루어져 있습니다. 탄소 원자는 전자가 묶여 있어서 자유롭게 움직이지 못하기 때문에 전기가 통하지 않습니다. 하지만 나노기술을 이용하면 이 플라스틱도 전기가 흐르는 성질을 갖게 할 수 있습니다. 원래의 플라스틱에 주석과 니켈, 구리를 섞은 분말을 합하면 전기가 통하는 플라스틱이 됩니다. 플라스틱을 이렇게 도체로 만들게 되면 움직이지 못하던 전자들이 움직일 수 있는 방법이 생깁니다.

하지만 전기가 통하는 플라스틱을 만들기 위해서는 나노 단위의 크기를 다루는 기술이 필요합니다. 플라스틱 위에 도체 플라스틱을 얇게 200nm로 코팅하는 것입니다.

전기가 통하는 플라스틱이 발명되면서 가전 제품은 더욱 발전할 수 있게 되었습니다. 플라스틱은 가볍고 여러 가지 모양을 손쉽게 만들 수 있어요. 이런 장점에 전기까지 흐르니 많은 전자제품이 가벼워질 뿐 아니라 모양도 예쁘게 만들어지게 되었어요.

우리나라 과학자가 두루마리 스피커를 발명했다는 이야기를 들은 적 있나요? 두루마리 스피커가 무엇인지 궁금하지요? 이 스피커를 만들 때는 우선 전기가 통하는 플라스틱을 종이처럼 얇게 만들어서 전류가 흐르게 합니다. 그런 다음 공기를 진동시켜 스피커에서 소리가 나도록 하지요. 이 스피커는 종이처럼 얇게 만들어졌기 때문에 두루마리처럼 말아서 들고 다닐 수 있습니다.

두루마리 스피커 외에도 나노기술은 많은 분야에서 응용할 수 있습니다. 아직 발명되지는 않았지만 스스로 색을 바꾸는 자동차도 언제가 등장할 것입니다. 자동차 표면에 전기가 흐르는 플라스틱을 씌우면 전류가 흐르면서

색을 바꾸는 것이지요. 유리에도 이 플라스틱을 씌우면 온도에 따라 유리 색을 바꾸어 차 안이나 집 안으로 들어오는 빛의 양을 조절할 수 있게 될 것입니다. 많은 과학자가 도체 플라스틱을 다양한 분야에서 쓸 수 있도록 연구하고 있습니다.

자유로운 모양을 만들 수 있는 합금

금속 하면 어떤 특징이 떠오르나요? 우선 단단하고 강하며 전기가 전달되고, 철사나 철판, 금속 덩어리 등 여러 가지 모양이 있다는 특징이 생각납니다. 이 금속의 장점은 단단하다는 거예요. 그래서 자동차, 침대 스프링 등 큰 힘을 견뎌야 하는 곳에 많이 이용됩니다.

하지만 너무 단단하기 때문에 우리가 원하는 모양의 물건을 만들기 위해서는 여러 가지 과정을 거쳐야 합니다. 온도를 올려 주고, 오른 열을 식혀 주고, 망치로 때려 주는 등의 많은 과정을 거쳐 우리가 원하는 모양으로 만들

규소

암석의 주요 성분으로서 금속광택을 가진 물질입니다. 천연에서는 순수한 상태로 나오지 않습니다. 그래서 산소, 알루미늄, 마그네슘, 칼슘, 나트륨, 칼륨, 철 같은 다른 원소와 결합하여 암석, 모래, 점토, 토양 등에서 산출됩니다. 상온에서는 공기 속에서 안정되게 있으며, 온도가 높아지면 산소와 반응하고, 1000℃ 이상의 고온에서는 질소와도 반응합니다.

어 씁니다. 이런 불편한 과정 없이 우리가 원하는 모양대로 자유롭게 만들 수 있는 금속이 나온다면 얼마나 편리할까요?

바로 그런 금속이 있답니다. 어모퍼스라는 합금입니다. 합금이란 한 가지 종류로 이루어진 금속이 아니라 여러 가지 금속들을 섞어 놓은 것을 말하지요. 우리가 사용하는 대부분의 금속은 합금입니다.

왜 합금을 만들까요? 금속들도 저마다의 특이한 성질이 있습니다. 알루미늄은 철보다 가볍고, 구리는 붉은색을 띠며, 금과 납은 무릅니다. 그렇기 때문에 원하는 성질에 좀 더 가까운 금속을 사용하기 위해 여러 가지 금속을 섞습니다.

어모퍼스는 철에 붕소와 규소를 섞어 1,500℃가 넘는 온도에서 녹이고 다시 빠르게 냉각시켜서 만든 물렁물렁한 고체 상태의 금속입니다. 찰흙이나 고무처럼 물렁물렁한 이유는 어모퍼스를 이루는 원자들끼리 불규칙하게 결합되어 있기 때문이에요.

네모난 종이 상자에 같은 크기의 구슬을 빈틈없이 빽빽이 넣었을 때와 여러 가지 크기의 구슬을 그냥 넣었을 때 어떤 상자가 더 잘 찌그러질까요? 빽빽하게 넣은 상자는 구슬이 규칙적으로 배열되어 있어서 잘 찌그러지지 않고 튼튼하겠지요. 하지만 여러 크기의 구슬을 넣은 쪽은 마음만 먹으면 상자 모양을 쉽게 바꿀 수 있을 만큼 약해요. 이렇게 입자들이 빽빽하지 않고 얼기설기 배열된 것을 비결정질이라고 합니다. 따라서 비결정질인 어모퍼스는 겉보기에는 딱딱한 고체인 듯하지만 실은 무른 금속입니다.

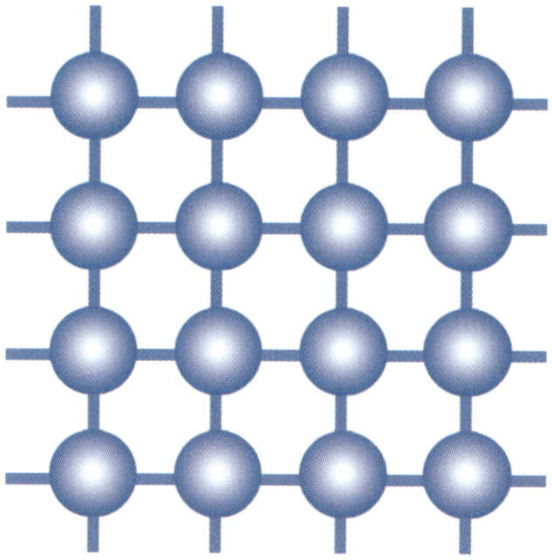

결정질 구조.

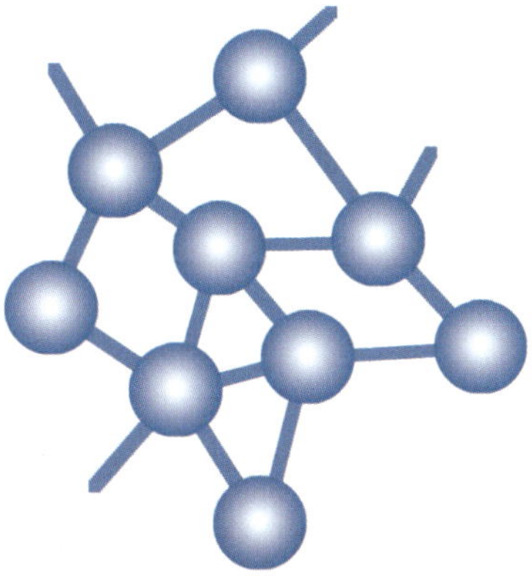

비결정질 구조.

어모퍼스 합금은 모양을 변형하기 쉬울 뿐 아니라 전기저항이 작다는 장점이 있습니다. 전기저항이 작으면 전기를 좀 더 효율적으로 사용할 수 있고 변압기 같은 전기 기구를 쉽게 이용할 수 있어요. 하지만 어모퍼스는 1,500℃가 넘는 상태에서 냉각해야 하는데, 우리가 쓸 모든 물건의 양을 이 과정을 거쳐 만들기는 어렵습니다. 아직 어모퍼스를 널리 사용하지 못하는 이유가 이 때문입니다.

전기저항

물체가 움직일 때 이동 방향의 반대 방향으로 이동을 방해하는 저항이 있습니다. 반대 방향으로 공기가 저항하는 것이지요. 저항은 전기의 이동에도 있습니다. 전기 흐름에 대한 저항을 전기저항이라고 합니다. 전기저항이 크면 전류가 잘 통하지 않습니다.

설령 만들었다고 해도 300℃ 이상이 되면 다시 비결정질의 성질을 잃어버리고 일반 금속의 성질로 돌아가기 때문에 어모퍼스만의 성질이 사라집니다. 따라서 어모퍼스로 높은 온도에서 사용할 물건은 아직 만들 수 없답니다.

TIP 요건 몰랐지?

비결정질 물질 유리

스테인드글라스는 아랫부분이 더 두껍다.

비결정질 물질은 입자들이 빽빽하게 배열된 것이 아니라 얼기설기 배열된 어모퍼스 합금을 말합니다. 비결정질 물질의 대표적인 것에는 유리가 있습니다. 딱딱한 유리를 만지면 모양이 변하는 비결정질 물질이 될 수 있냐고요? 이것이 많은 사람들이 유리에 대해 오해하는 부분입니다.

유리는 딱딱한 듯하지만 사실 비결정질 물질입니다. 그래서 기울어진 곳에 두면 오랜 시간 동안 서서히 흘러내리지요.

집 안의 창문을 만져 보고는 유리가 비결정질 물질일 리 없다고 생각할 수도 있습니다. 하지만 유리의 이런 특징을 직접 관찰할 수 있는 곳이 있어요. 바로 오래된 성당입니다.

성당에는 스테인드글라스로 창문을 장식해 놓은 곳이 많습니다. 지어진 지 오래된 성당에 가 보면 스테인드글라스가 밑부분으로 내려올수록 두꺼워지는 사실을 확인할 수 있습니다. 유리가 세워져 있다 보니 아래쪽으로 밀려내려와서 두꺼워진 것입니다.

나노옷

나노섬유란 무엇인가요?

나노는 많은 곳에서 연구되고 이용되고 있습니다. 그중 나노섬유는 많은 관심을 받는 분야입니다.

생활하는 데 꼭 필요한 항목을 꼽으라면 사람들은 보통 입을 옷, 먹을 음식, 살 집을 떠올립니다. 이 세 가지를 순서대로 가리키는 한마디가 바로 의식주입니다. 이처럼 옷은 사람이 생활하는 데 꼭 필요한 기본적인 생활 용품 가운데 하나입니다.

옷은 몸을 가려 주는 효과뿐만 아니라 체온이 떨어지는 것을 막아 주고 해로운 자외선이 피부에 직접 닿지 않도록 막아 준답니다. 우리에게 이처럼 이로운 옷은 실로 엮어서 만든 섬유로 만듭니다. 만약 이 섬유에 나노기술이 적용되면 어떤 변화가 생길까요?

나노 단위의 굵기로 얇게 뽑아낸 실로 만든 섬유를 나노섬유라고 합니다. 이렇게 가늘게 뽑아서 실을 만들고, 그 실로 옷을 만들면 굉장히 부드러운 촉감의 옷이 되겠지요? 이것이 나노섬유의 큰 장점입니다. 또한 나노섬유는 일반 섬유보다 훨씬 강하고 질긴 데다 숨을 쉽니다. 우리가 숨을 쉬면 공기를 들이

자외선

태양광의 스펙트럼을 사진으로 찍었을 때, 가시광선보다 짧은 파장으로 눈에 보이지 않는 빛입니다. 사람의 피부를 태우거나 균을 없애는 역할을 하며, 이 빛에 심하게 노출되면 피부암에 걸릴 수도 있습니다.

마셨다 내뱉잖아요? 나노섬유는 땀을 배출하고 공기를 들여와서 몸을 좀 더 쾌적하게 만들어 줄 수 있습니다. 더욱이 세균이나 몸에 해로운 먼지는 막아 주어서 우리 몸을 보호해 주지요.

나노섬유는 우선 실을 나노 굵기로 얇게 뽑아내야 합니다. 나노 굵기의 실을 뽑으려면 여러 가지 재료가 필요하지만 플라스틱을 가장 많이 사용합니다. 보통 플라스틱은 딱딱하다고 생각할지 모르지만 부드러운 비닐봉지도 플라스틱의 한 종류라면 믿을 수 있겠어요? 이런 것을 고분자물질이라고 합니다. 고분자물질에 강한 전기장을 주면 나노 실을 뽑을 수 있습니다. 강한 전기장이 걸린 고분자물질은 스스로 갈라지고, 더욱 강한 전기장을 걸어 줄수록 얇은 실이 나옵니다. 일반 실로 섬유를 만들려면 한 올 한 올 짜야 하지만 나노 굵기의 실은 스스로 엉켜서 섬유가 됩니다.

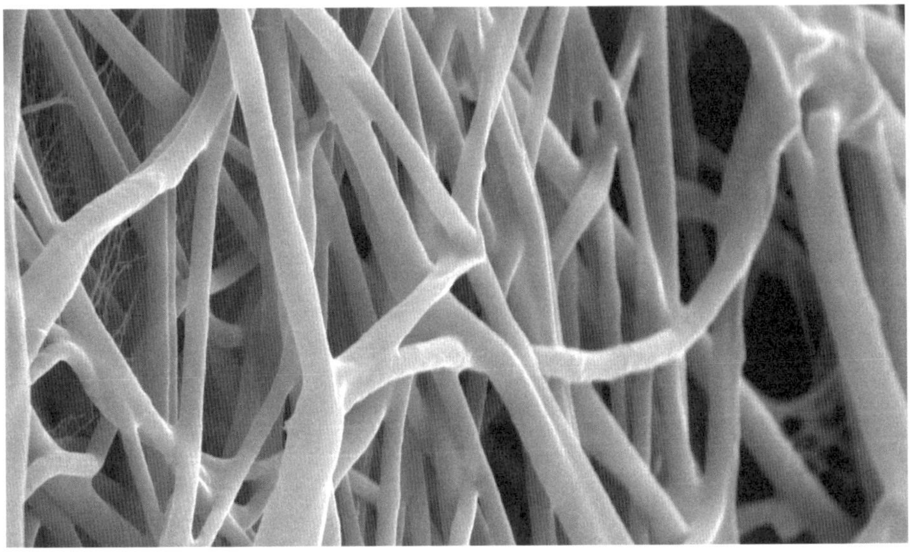

나노섬유를 확대한 모습.

나노섬유의 장점

나노섬유로 옷을 만들어 입으면 많은 장점이 있습니다. 나노섬유는 세균이나 먼지로부터 우리를 보호해 줄 수 있기 때문에 전쟁이 나면 유용하게 쓰일 수 있어요. 세균이나 먼지를 걸러 주는 나노섬유가 생화학 무기의 균 등을 막아 주는 것이지요. 나노섬유는 아토피 피부염으로 고생하는 사람들에게도 좋은 옷감이 되어 줄 수 있답니다. 나노섬유는 통풍이 잘되고 피부에 자극을 덜 주기 때문이지요. 또한 나노섬유는 먼지도 걸러 주기 때문에 공기청정기에도 쓰일 수 있답니다.

플라스틱 도체에 대해 배웠던 것 기억하지요? 전기가 통하는 플라스틱으로 만든 나노섬유로 옷을 만들면 날씨에 따라 색이 변하는 옷, 온도를 조절하는 옷 등도 만들 수 있게 될 것입니다.

나노기술이 활용된 특수한 옷들

소방관복이나 군복은 일반 옷보다 많은 기능이 필요하고 더 강해야 한답니다. 그래서 나노섬유로 옷을 만들 뿐 아니라 나노기술을 이용한 여러 가지 칩을 옷에 부착해 조금이라도 더 편리하고 강한 옷을 만들기 위해 연구하고 있습니다.

나노기술이 활용된 군복은 어떨지 살펴볼까요? 우선 전쟁에서는 생명을 지키는 것이 가장 중요해요. 그래서 이 나노기술을 이용한 방탄 조끼와 헬멧이 개발되고 있습니다. 무르면서도 강하기까지 한 어모퍼스 합금의 성질을 이용하면 평소에는 활동하기 편하면서도 튼튼한 옷과 헬멧을 만들 수 있습니다. 만약 상처가 나면 그 부위를 조여 주어서 상처가 덧나지 않도록 하는 방법도 개발되면 훨씬 좋은 군복이 될 수 있을 것입니다.

그뿐 아니라 헬멧에 멀리까지 볼 수 있는 안경 장치도 달 수 있고, 군복에 개인 센서를 달아 두면 잡혀가거나 다쳐 쓰러져 있을 때 그 군인의 위치를 찾기 쉬울 것입니다. 또한 나노기술로 만든 바이오센서를 군복에 부착해 놓으면 군인의 몸 상태와 부상 상태를 자동으로 감지해서 대처하게 할 수 있답니다. 이외에도 많은 유용한 장치를 나노 수준으로 만들어 군복에 적용한다면 전투력도 향상되고, 군인이 조금이라도 편리한 생활을 하는 데 도움을 줄 수 있을 것입니다.

소방관복에도 나노기술을 활용하면 열이나 화염에서 몸을 보호해 주고, 소방 활동 중에 느낄 수 있는 피로와 일사병 등을 방지할 수 있습니다. 또한 나노기술을 이용하면 매우 가벼우면서도 쾌적함을 유지해 주는 소방관복을 만들 수 있습니다.

소방관복에도 나노섬유가 이용될 수 있다.

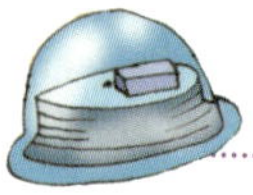

나노자동차

나노알루미늄으로 만든 차체

나노기술은 자동차에도 큰 영향을 미쳐 많은 발전을 이루었습니다. 자동차의 차체는 철로 이루어져 있지요. 철로 단단히 만들어야 차 안에 탄 사람을 지킬 수 있을 테니까요. 만약 이렇게 단단한 강철이 아닌 납처럼 무른 금속으로 차체를 만들었다면 교통사고가 났을 때 사람은 지금보다 훨씬 더 쉽게 생명을 잃었을 거예요. 하지만 강철은 단단한 데 반해 매우 무겁다는 단점이 있습니다. 차체를 좀 더 가벼우면서 단단한 것으로 바꾼다면 훨씬 성능이 좋은 차가 될 수 있겠지요.

강철 대신 사용할 만한 소재로 각광받는 것이 바로 나노알루미늄입니다. 원래 알루미늄은 가볍고 원하는 모양을 쉽게 만들 수 있는 성질이 있습니다. 나노알루미늄은 이 기본 성질을 유지하면서 훨씬 단단하게 만든 물질입니다. 이렇게 차가 단단하면서도 가벼워지면 연료를 덜 사용할 수 있습니다. 자연히 환경오염도 줄일 수 있겠지요.

나노기술로 만든 고무 타이어

차체에 이어 타이어도 자동차의 필수용품입니다. 타이어에 구멍이 나거나 미끄러지면 매우 큰 사고가 나곤 합니다.

현재 타이어를 만드는 재료는 고무입니다. 고무로 만든 타이어는 비가 오거나 길을 지날 때 미끄러진다는 매우 큰 단점이 있습니다. 오르막길에서는 헛돌기도 하지요. 미끄러지거나 헛바퀴를 돌면서 바닥과의 마찰이 커지면 연료도 많이 소모되고, 타이어 자체도 더 잘 닳아 자주 갈아 주어야 합니다.

이런 문제를 해결하기 위한 물질이 카본블랙과 실리카입니다. 카본블랙과 실리카는 나노미터보다 조금 큰 입자로 이루어진 미세 가루입니다. 이 물질들을 고무에 첨가하면 이런 타이어의 단점을 해결할 수 있습니다.

고무에 카본블랙을 섞어 만든 타이어는 바닥과의 마찰이 작아서 타이어를 오래 사용할 수 있습니다. 또한 카본블랙을 실리카로 바꾸어 사용하면 미끄러짐을 방지해 주고 도로와 타이어 사이의 마찰도 줄여 줍니다. 이런 재료를 만드는 것도 나노기술 없이는 불가능하답니다.

초기에 만들어진 페인트는 약했기 때문에 시간이 지나면 금세 칠이 벗겨지고 갈라졌다.
ⓒ Wilfredo R. Rodriguez H.@the Wikimedia Commons

자동차를 예쁘게 칠해 주는 페인트

자동차에 이용된 나노기술 가운데 페인트도 눈여겨볼 필요가 있습니다. 자동차마다 빨간색, 검정색, 은색, 초록색 등 여러 가지 색을 입힙니다. 이렇게 자동차에 색을 입히는 페인트에는 어떤 나노기술이 들어가 있을까요?

처음에 만들어진 페인트는 매우 약했어요. 그래서 칠하고 얼마간의 시간이 지나면 광택도 사라지고 여기저기 칠이 갈라져 벗겨지는 경우가 많았습니다. 페인트칠은 날씨의 영향을 받기 때문에 약한 페인트는 금방 새로 칠해 주어야 했습니다. 또 조금만 두껍게 칠해도 갈라져 버렸지요. 하지만 나노입자를 섞어 만든 페인트는 입자들이 좀 더 자유롭게 움직이고, 결합은 더욱 강하게 하기 때문에 광택이 오랜 시간 유지될 뿐 아니라 페인트가 갈라지고 뜯어지는 현상이 확실히 줄어들었습니다. 기술이 더 발전하면 페인트 자체가 열을 막기도 하고, 스스로 색을 알맞게 바꾸기까지 할 것입니다. 더울 때에는 흰색으로 바꾸어 열을 덜 흡수하게 하고, 추울 때에는 어두운 색으로 바꾸어 열을 많이 흡수하여 온도를 조절할 수 있겠지요.

■ 나노기술로 만든 미래의 자동차

실내
공기를 정화하고 박테리아의 증가를 막을 수 있어요.
표면
외관에 생기는 흠집을 스스로 복원해 줘요.
차체
나노복합체를 사용해 가볍고도 튼튼해져요.
타이어
환경에 해롭지 않은 소재를 사용하고, 바퀴가 헛돌지 않는 능력을 높여 줘요.
전조등
자연 빛과 비슷한 밝기를 만들 수 있어요.
동력전달장치
마찰이 적은 나노 소재를 사용해 연료비를 줄일 수 있어요.

Q&A 꼭 알고 넘어가자!

문제 1 나노기술을 적용한 플라스틱은 일반 플라스틱과 어떤 점이 다를까요?

문제 2 나노섬유를 군복에 사용하면 좋은 이유는 무엇인가요?

3. 일반 자동차의 차체는 사람을 안전하게 보호하기 위해 단단한 철로 만듭니다. 그 대신 무거운 데다 연료가 많이 든다는 단점이 있습니다. 가벼우면서도 단단한 소재로 차체를 만들기 위해 나노알루미늄이 개발되었습니다. 알루미늄은 원래 가볍고 원하는 모양을 쉽게 만들 수 있는 성질이 있습니다. 나노기술을 이용하면 이 성질은 유지하면서 훨씬 단단하게 만들 수 있습니다. 가벼우면서 연료도 적게 소모되므로 환경오염을 줄일 수 있겠지요.

문제 3 나노알루미늄으로 만든 자동차의 차체는 일반 자동차의 차체와 비교했을 때 어떤 점이 좋은가요?

정답

1. 첫째, 흙 속에서 분해되는 플라스틱을 만들 수 있습니다. 썩지 않는 플라스틱은 환경오염의 주범이었습니다. 나노기술 덕분에 친환경적인 플라스틱을 만들 수 있게 되었어요. 둘째, 전기가 통하는 플라스틱을 만들 수 있습니다. 가볍고 여러 가지 모양을 손쉽게 만들 수 있는 장점에 전기까지 통하게 되면 여러 가지로 전기 제품, 자동차, 유리 등 다양한 곳에 이용할 수 있습니다.

2. 나노섬유는 무르면서도 강한 금속이기 때문에 방탄조끼와 헬멧에 이용됩니다. 무르면서도 강한 특징을 이용하면 평소에는 활동하기 편하면서도 강한 옷과 헬멧을 만들 수 있습니다. 군복에 나노기술로 만든 바이오센서를 부착해 놓으면 군인의 몸 상태나 부상 상태를 자동으로 감지해 대처하게 할 수 있습니다.

관련 교과

초등 5학년 1학기 2. 전기 회로
초등 5학년 2학기 6. 전기 회로 꾸미기
중학교 3학년 6. 전류의 작용

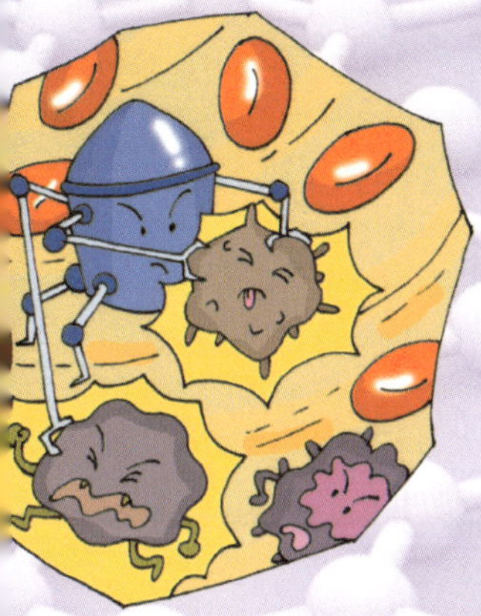

4. 신기한 반도체

나노기술이 이용되는 분야는 많지만 그중 반도체를 이용한 메모리 부품이 매우 주목받고 있습니다. 우리 생활에 이용되는 곳이 많을 뿐만 아니라 없어서는 안 되기 때문입니다. 반도체가 무엇인지 궁금하지 않나요? 반도체의 세계로 떠나 봅시다.

반도체란 무엇인가요?

여러분, 반도체가 무엇인지 알고 있나요? 반도체는 우리 생활 많은 곳에서 이미 쓰이고 있는 부품의 재료입니다. 반도체가 무엇인지 정확히 알기 위해서는 도체와 부도체가 무엇인지부터 알아야 합니다. 차근차근 반도체의 정체를 향해 다가가 볼까요?

도체와 부도체

우리는 이미 1장에서 도체와 부도체가 무엇인지 배웠지만 여기에서는 좀 더 자세히 알아보아요.

전기가 잘 통하는 정도를 나타내는 값을 전기전도도라고 합니다. 전기전도도가 높으면 전기가 잘 통하는 물질이고, 전기전도도가 0에 가까우면 전기가 잘 통하지 않는 물질입니다. 이렇게 전기가 잘 통하거나 통하지 않는 물질을 편리하게 가리키는 말이 도체와 부도체입니다. 전기전도도가 높아서 전기가 잘 통하는 물질을 도체, 전기전도도가 0에 가까워 전기가 통하지 않는 물질을 부도체라고 합니다.

도체에 해당하는 물질에는 무엇이 있을까요? 주변에 있는 물건들을 떠올려 보세요. 금반지, 철로 만든 그릇, 전선 속에 있는 구리선 등은 전기가 통한다고 쉽게 짐작할 수 있지요. 그렇다면 부도체에 해당하는 물질은 무엇이

있을까요? 다시 한 번 주변의 물건들을 떠올려 보세요. 냄비 손잡이에 덧씌운 플라스틱, 투명한 컵의 재료인 유리, 편리한 휴대용 젓가락의 재료인 나무 등이 부도체에 속합니다.

반도체의 정체

도체도 부도체도 아닌, 반도체란 대체 무엇일까요? 반도체는 도체와 부도체의 중간이라고 생각하면 됩니다. 반도체의 성질은 원래 전기가 거의 통하지 않는 부도체와 비슷합니다. 하지만 반도체에 열 혹은 빛을 가해 주거나 불순물을 넣어 주면 전기가 통하고, 흐르는 전기의 양도 조절할 수 있습니다. 이와 같이 반도체란 환경에 따라 도체의 성질을 띠기도 하고 부도체의 성질을 띠기도 하는 매우 장점이 많은 물질입니다.

반도체의 쓰임새

도체도 되었다가 부도체도 될 수 있고, 흐르는 전류의 양도 조절할 수 있는 반도체는 자동차, 텔레비전, 전자레인지, 냉장고, MP3 등 많은 제품에 쓰입니다. 전자 제품에 들어 있는 반도체는 칩 모양이어서 특별히 반도체 칩이라고 불러요.

반도체 칩은 전자 제품 안에서 여러 가지 역할을 합니다. 가장 기본적으로는 전자 제품을 조정하거나 정보를 기억하게 하는 일을 합니다. 한 가지 예를 들어 볼까요? 전자레인지에 음식을 넣고 조리할 때 조리의 강약을 조절할 수 있는 버튼이 있지요. 조리 강도를 조절하는 역할도 반도체 칩이 맡고 있습니다. 불순물을 섞어 주거나 열을 주면 전기가 흐르는 정도를 조절할 수 있기 때문입니다.

게르마늄.

규소.

반도체의 원료

반도체는 무엇으로 만들까요? 반도체는 규소로 만듭니다. 규소는 실리콘이라고도 불리는 물질이지요. 처음에는 게르마늄이라는 원료로 반도체를 만들었지만 지금은 규소가 더 많이 쓰입니다.

게르마늄

회색빛을 띤 흰색의 금속 원소입니다. 부스러지기 쉬우며 석탄을 태울 때 나오는 물질로 얻습니다. 특수한 조건에서만 반도체의 성질을 나타내는 재료입니다.

그렇다면 왜 게르마늄보다 규소를 더 많이 사용할까요? 규소는 반도체를 만들었을 때 굉장히 안정적이기 때문입니다. 규소에는 열을 가하면 이산화탄소가 발생하는 특징이 있어요. 이산화탄소는 보호막 역할을 해서 반도체를 보호해 줍니다.

규소를 원료로 만드는 반도체의 겉 부분은 대체로 검은색입니다. 반도체를 검은색으로 만드는 이유는 열에너지를 방출하기 쉬운 색이기 때문입니다. 반도체는 불순물이나 열에 반응하듯이 빛에도 반응합니다. 빛을 쏘이게 되면 반도체가 반응해서 전류가 흐르고, 그렇게 되면 전원을 켜지 않아도 기계

반도체의 리드프레임은 몸체를 지지하고, 전기를 공급한다.

가 작동하거나 전류가 너무 많이 흐르면 고장 날 수도 있습니다. 이런 위험을 피하려면 열을 잘 방출하는 검은색으로 반도체의 표면을 만들어야겠지요.

반도체 사진에서 보면 또 하나 신기한 모습이 지네 다리 모양입니다. 이것을 리드프레임(lead frame)이라고 해요. 리드프레임은 반도체를 지지할 뿐만 아니라 전기를 공급하는 통로 역할도 합니다.

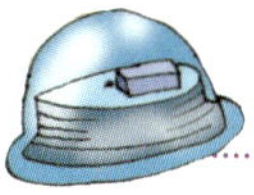

반도체 역사와 발전

전기신호를 이용한 통신 기술

전화가 발명되기 전에는 멀리 떨어져 있는 사람에게 연락하려면 편지를 보내거나 직접 사람이 가서 연락하는 방법밖에 없었어요. 이 불편함을 해결하기 위해서 통신 기술이 등장했습니다. 좀 더 좋은 통신 기술을 개발하기 위해 전기신호를 이용한 방법이 개발되었고요. 통신 기술과 마찬가지로 반도체도 사람의 생활에서 생기는 불편함을 해결하기 위한 수단으로 발명되었습니다.

진공 증폭 장치의 등장

전기신호를 이용한 통신 기술은 거리가 멀어질수록 세기가 약해진다는 단점이 있었습니다. 신호가 약해지면 통신이 제대로 이루어지지 않겠지요? 그래서 증폭 장치가 필요해졌습니다. 중간중간 전기신호를 다시 크게 만들어 주어 통신이 좀 더 잘 이루어지도록 하는 것이 증폭 장치입니다.

증폭 장치로 처음 개발된 것이 진공관입니다. 최초의 진공관은 1904년 영국의 과학자 존 플레밍이 발

존 플레밍
John Fleming, 1849~1945

영국의 전기공학자입니다. 전자의 운동과 전자기장이 상호 작용하는 방향을 알기 쉽게 설명한 '플레밍의 법칙'으로 유명해요. 1883년 에디슨이 우연히 발견한 금속의 열운동과 관련한 현상에서 힌트를 얻어 2극진공관을 발명했습니다.

명한 2극진공관입니다. 그 뒤 1906년 미국의 리드 포레스트는 3극진공관을 발명했어요.

2극진공관은 다이오드 작용을 합니다. 다이오드 작용이란 교류를 한 방향으로 흐르도록 바꾸어 주는 것을 말합니다. 전류의 방향이 주기적으로 바뀌는 것을 교류라 하는데, 우리 가정집에서 흐르는 전류가 바로 교류입니다. 2극진공관이 전류를 한 방향으로 바꾸어 준다면 3극진공관은 신호를 증폭해 주는 역할을 합니다.

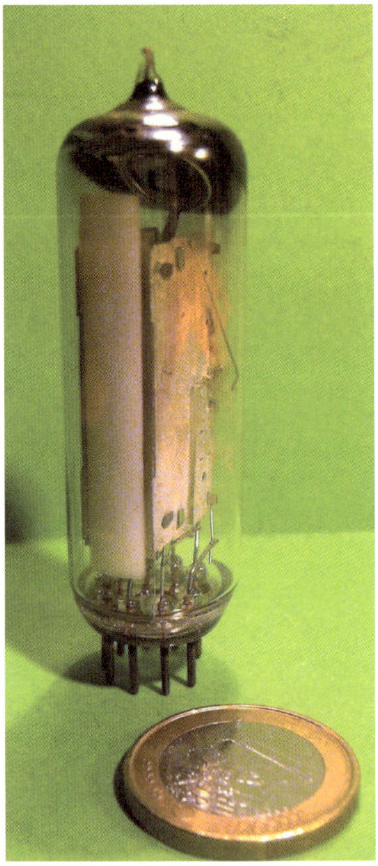
전기신호를 증폭해 주는 진공관.

진공관은 유리관 속을 진공상태로 만들고, 그 안에 필라멘트를 넣어서 전기신호를 보내는 장치입니다. 그러면 처음 받았던 전기신호보다 훨씬 큰 힘을 낼 수 있습니다. 이 장치 덕분에 우리는 집에서 라디오도 듣고 텔레비전도 볼 수 있습니다. 진공관은 방송국에서 오는 신호가 중간에 사라지지 않도록 증폭해 줄 뿐 아니라 녹음 기술의 발달에도 많은 영향을 끼쳤습니다.

하지만 진공관도 단점이 있습니다. 전기신호를 세게 해 주는 대신 약합니다. 그래서 유리관 안에 넣는 필라멘트는 쉽게 끊어져 버려 자주 고장 나곤 했지요. 필라멘트는 많은 전류가 흐르면 녹아 버린다는 특성이 있거든요. 이런 문제 때문에 많은 사람이 한 번에 통신을 시도하면 통신이 끊겨 버렸어요. 이 단점을 해결할 만한 대책이 필요했습니다.

트랜지스터의 등장

진공관 이후에 개발된 것이 트랜지스터입니다. 1947년 미국 벨 연구소의 존 바딘, 윌리엄 쇼클리, 월터 브래튼에 의해 처음 발명되었어요. 이 세 사람은 트랜지스터를 개발한 공로로 노벨물리학상을 받았습니다.

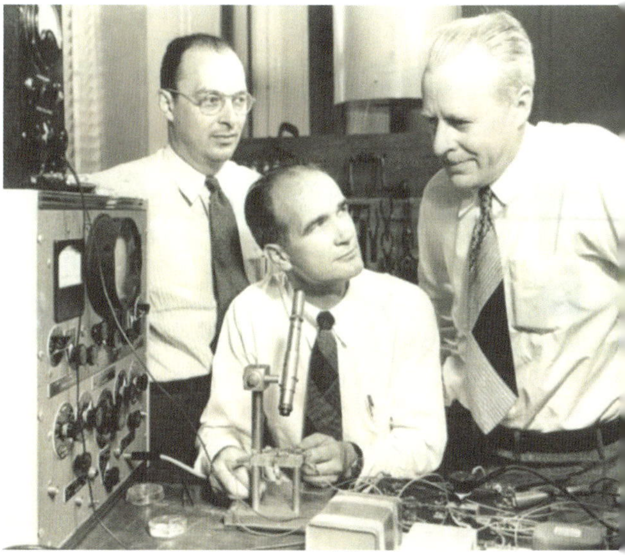
왼쪽부터 존 바딘, 윌리엄 쇼클리, 월터 브래튼.

트랜지스터는 규소 등으로 만든 반도체를 세 겹으로 붙여서 만들었으며, 전류나 전압의 흐름을 조절하여 증폭시키는 역할을 합니다. 가볍고 전력을 적게 써서 진공관 대신 대부분의 전자회로에 사용됩니다.

트랜지스터.

하지만 트랜지스터도 단점이 있습니다. 전기 제품에는 하나의 트랜지스터가 아니라 여러 개의 트랜지스터가 필요하기 때문에 전자제품의 크기가 커졌습니다. 가장 큰 단점은 전기 제품 속에 들어가는 많은 트랜지스터 가운데 하나만 고장이 나도 모든 트랜지스터가 고장이 나 버려 수리하는 데에 많은 비용과 시간이 들었다는 것입니다. 기차를 생각하면 이해하기 쉽습니다. 기차는 여러 개의 작은 차들이 하나로 연결된 형태이지요? 만약 작은 기차들의 바퀴 가운데에 한 개만 빠져도 기차는 달릴 수 없습니다. 트랜지스터도 이와 같습니다. 하나가 고장 나면 다른 트랜지스터도 영향을 받습니다.

집적회로의 등장

트랜지스터가 발명되고, 많은 발전이 있었지만 너무 많은 트랜지스터가 필요해 불편함이 쌓여 갔습니다. 그러자 사람들은 여러 개의 부품을 한 개의

나, 트랜지스터처럼 이렇게 약해도 되는 거야?
전자 제품 속의 트랜지스터도 기차와 같아서 하나가 고장 나면 다른 트랜지스터도 고장이 나 버려!

집적회로.

반도체 칩에 넣으면 편하겠다고 생각했습니다.

1959년 미국 TI 사의 기술자인 잭 킬비라는 사람에 의해 집적회로가 발명되었습니다. 트랜지스터가 한 개의 반도체를 따로 사용하거나 여러 개를 연결해 사용했다면, 집적회로는 몇천 개 이상의 반도체를 모아서 한 덩어리로 만들어 사용합니다. 이렇게 만든 집적회로를 하나로 모아 만든 것이 반도체 칩입니다. 현재, 사람의 손톱만 한 반도체 칩에 80억 개의 회로를 구성할 수 있는 초고밀도 집적회로 기술도 개발되었습니다.

이처럼 반도체는 진공관, 트랜지스터를 거쳐 집적회로까지 오면서 점점 크기가 작아졌습니다. 부품이 작아지는 것은 좀 더 작고 편리한 전기 제품을 만들기 위해서입니다. 여러분 주위에 있는 여러 가지 전기 제품도 모두 반도체의 발명 덕분에 작고 예뻐진 것입니다.

반도체 만들기

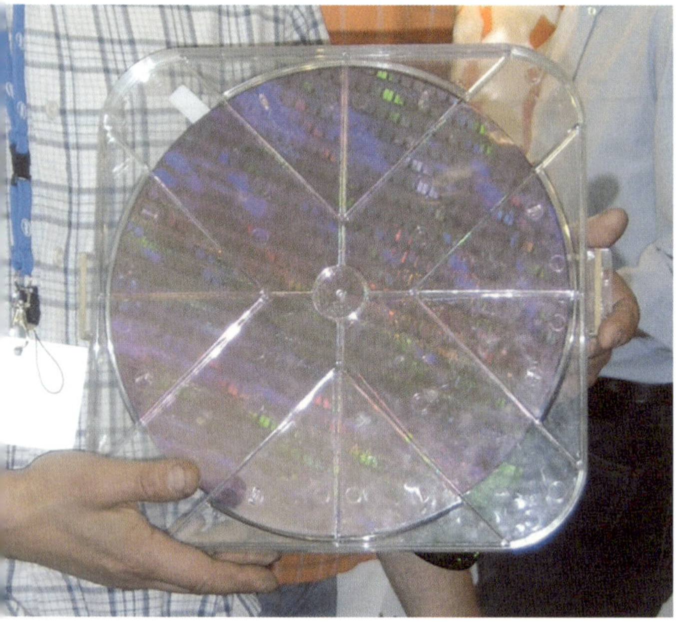
규소로 만든 웨이퍼.

전기 기구에 들어 있는 반도체는 어떻게 만들어질까요? 반도체가 만들어지는 과정을 알아볼까요? 미리 간단히 말하자면 반도체는 3단계 과정을 거쳐 만들어집니다. 웨이퍼를 만들고 회로를 설계한 뒤 웨이퍼를 가공하고, 조립 · 검사하는 과정을 거치게 된답니다.

반도체 제조 1단계–웨이퍼 만들기

웨이퍼란 무엇일까요? 웨이퍼는 집적회로의 기본이 되는 얇은 규소판을 가리킵니다. 이 웨이퍼의 표면에 회로를 그려 넣기 때문에 다른 이물질이 섞이지 않아야 하고, 완전히 평평해야 합니다.

99% 이상이 규소로만 된 웨이퍼를 만들기 위해서는 우선 규소를 둥근 봉

■ 웨이퍼 만드는 과정

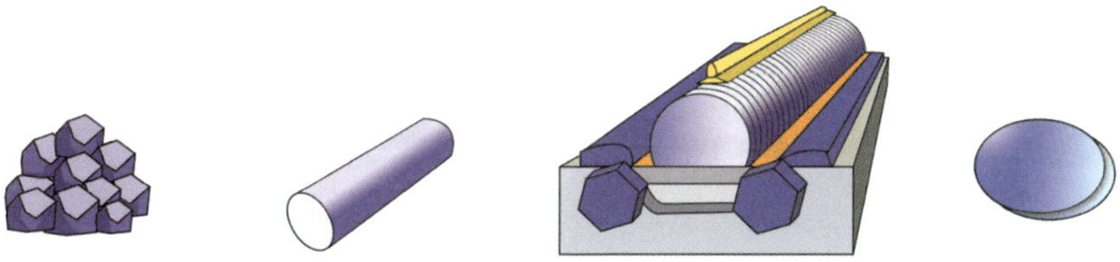
규소의
원석을
둥근 봉
모양으로 만들어
얇게 자르면
웨이퍼가
완성된다.

모양으로 만듭니다. 이 규소로 만든 막대를 규소봉 단결정이라고 하고, 단결정 만드는 과정을 단결정 성장이라고 해요. 단결정을 다 만들면 필요한 두께로 얇게 잘라 줍니다. 감자 칩을 먹어 본 적 있지요? 감자 칩은 감자를 얇게 잘라 동그란 모양입니다. 감자를 얇게 잘라 칩을 만들듯이 규소봉 단결정을 잘라 웨이퍼를 만듭니다.

이 웨이퍼의 표면을 거울처럼 반짝거리는 매끈한 상태로 만들어 주는 과정을 거친 다음에 그 위에 회로를 설계합니다. 회로는 규소판에 새기기 전에 유리판에 먼저 설계합니다. 유리판에 다 설계하고 나면 웨이퍼 위에 앉혀 강한 자외선을 비춰 줍니다. 그러면 유리판에 새긴 회로가 규소판에 새겨집니다. 마치 유리판은 도장, 자외선은 인주, 규소판은 종이 같지요? 이렇게 웨이퍼가 탄생됩니다.

반도체 제조 2단계–웨이퍼 가공

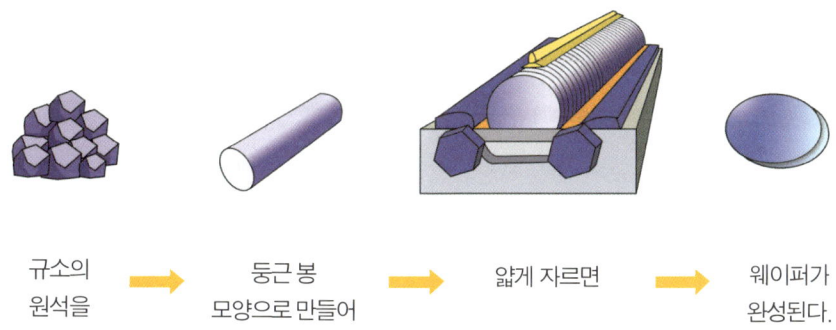

2단계는 웨이퍼를 가공하는 것입니다. 우선 섭씨 1,000℃ 정도에서 산소

감광액

빛이나 방사선의 작용을 받아 화학적, 물리적 반응을 일으키는 감광제를 녹인 액체입니다.

나 수증기를 웨이퍼의 표면에 뿌려 줍니다. 그러면 웨이퍼의 표면에 산화막이 형성되어요. 이 산화막에 미세한 회로도가 새겨졌을 때 선끼리 합선되는 것을 막아 줍니다. 그리고 유리판을 웨이퍼 위에 얹어 자외선을 쪼여 줄 때 회로가 잘 찍히도록 감광액을 발라 줍니다.

그다음 전기가 통하지 않는 실리콘에 불순물을 잘 섞어 뿌려 줌으로써 전기가 통하게 만들어 줍니다. 표면에 새겨진 각 회로를 금, 은, 알루미늄 선으로 연결해 주고 나면, 이 웨이퍼를 알맞은 크기의 칩으로 잘라 냅니다. 아주 미세하게 잘라야 하기 때문에 굉장히 단단한 다이아몬드 날을 이용하지요.

■ **웨이퍼 절단**

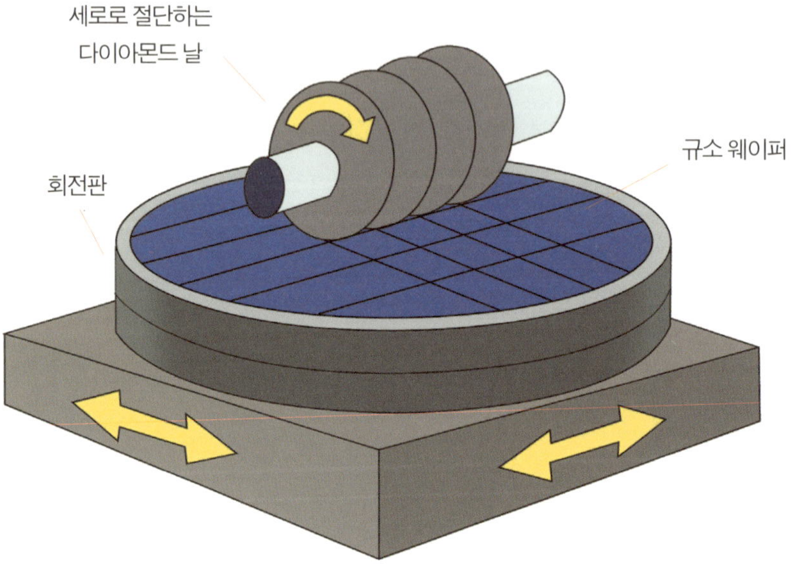

웨이퍼를 다 가공하고 나면 단단한 다이아몬드 날을 이용해 칩으로 자른다.

반도체 제조 3단계-조립과 검사

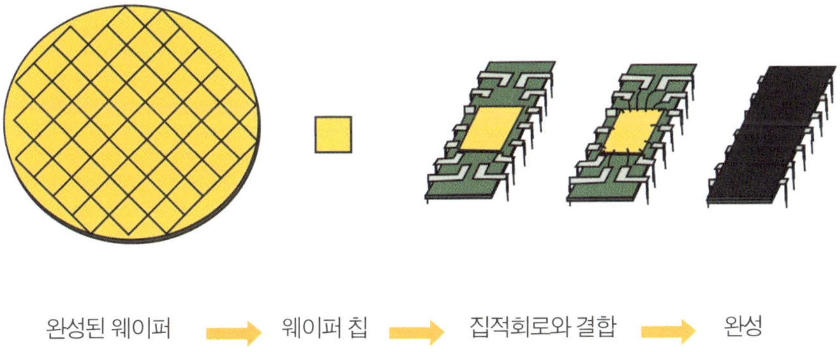

알맞은 크기로 잘린 웨이퍼 칩들은 제대로 작동하는 것만을 골라서 리드프레임 위에 올려놓습니다. 리드프레임 위에 올려놓은 뒤에 검은색 플라스틱으로 외형을 만들어 줍니다. 가공이 끝난 웨이퍼를 최종으로 검사해서 통과되면 드디어 가전제품에 쓰이게 됩니다.

검사를 통과하여 실제로 쓰이게 되는 반도체의 비율을 수율이라고 합니다. 수율이 60%이면 100개를 만들었을 때 40개는 사용하지 못하는 불량이 나온다는 말이지요. 이 수율이 80% 이상이 나왔을 때를 골든 수율이라고 합니다. 골든 수율이 되도록 작업하기란 매우 어렵다고 합니다.

먼지에 민감한 반도체

반도체 공장에 가면 몇 가지 신기한 장면을 볼 수 있습니다. 공장에서 일하는 사람들이 모두 우주복처럼 생긴 하얀색 옷을 입고 있거든요. 이 옷을 방진복이라고 합니다. 방진복은 옷에 붙은 먼지가 반도체에 들어가는 것을 막아 주고 옷에서 먼지가 발생하는 것을 막아 주는 역할을 합니다. 반도체 공장에 들어가려면 방진복을 입고 마스크와 장갑도 착용해야 하지요.

반도체는 먼지에 몹시 민감하기 때문에 먼지가 조금만 들어가도 제대로 작동하지 않을 수 있습니다. 직원들은 화장을 할 수도 없습니다. 화장품의 입자가 공기 중에서 날리다가 들어갈 수 있기 때문입니다.

여기서 끝이 아닙니다. 방진복, 모자, 마스크까지 착용해도 바로 들어갈 수 없고, 에어 샤워룸이라는 곳을 통과해야 합니다. 에어 샤워룸은 공기로 샤워하는 곳이라고 생각하면 됩니다. 방진복, 마스크, 장갑에 묻어 있을지 모르는 미세한 나머지 먼지까지 강한 공기로 모두 떼어 내는 것입니다. 이런 세밀하고 까다로운 과정을 거쳐야 반도체가 만들어집니다.

TIP 요건 몰랐지?

쉴 수 없는 반도체 공장

반도체 공장은 먼지도 없고 온도도 일정한 상태를 유지해야 합니다. 또 만들고 있던 웨이퍼를 일일이 비닐로 포장해서 공기와 먼지가 접촉할 수 없게 차단해야 합니다. 이 과정을 끝내는 데는 2일 정도가 걸립니다. 게다가 또다시 가동하려면 공장을 처음처럼 깨끗한 환경으로 만들어 주고 포장한 웨이퍼를 뜯어야 합니다. 이 과정도 2일 정도가 걸립니다. 공장을 멈췄다 다시 가동하려면 총 4일이 걸리는 셈이지요.

거기에다 하루에 16억 원이라는 비용이 공장에 들어가기 때문에 공장의 가동을 멈춘다면 큰돈을 낭비하는 셈입니다. 이 때문에 반도체 공장은 1년 가운데 하루도 쉬지 않고 가동되고 있습니다.

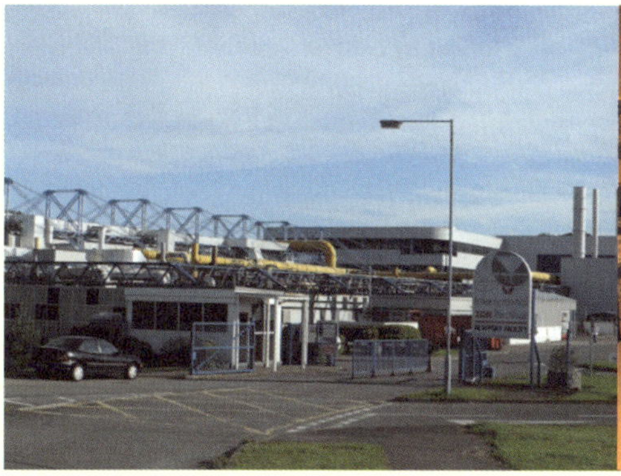

365일 가동되는 반도체 공장.

Q&A 꼭 알고 넘어가자!

문제 1 반도체란 무엇이며, 어디에 쓰이나요?

문제 2 반도체가 발전해 온 역사를 간단히 설명해 보세요.

만 트랜지스터가 하나만 고장 나도 모두 다 고장 나 버리는 단점이 있었습니다. 그래서 집적회로가 등장했습니다. 집적회로는 몇천 개 이상의 반도체를 한 덩어리로 만들어 사용합니다. 집적회로를 모아 하나로 만든 것이 반도체 칩입니다.

3. 규소의 원석으로 둥근 막대를 만듭니다. 이 둥근 막대를 규소봉 단결정이라고 합니다. 단결정을 다 만들면 필요한 두께로 얇게 자릅니다. 감자 칩 모양의 얇은 판을 웨이퍼라고 합니다.

문제 3 반도체를 만들려면 가장 먼저 웨이퍼를 만들어야 합니다. 웨이퍼는 어떤 과정을 거쳐 만들어지나요?

정답

1. 전기가 통하는 물체를 도체, 통하지 않는 물체를 부도체라고 합니다. 반도체는 도체와 부도체의 중간으로서 원래는 전기가 통하지 않는 부도체이지만 열 또는 빛을 가해 주거나 불순물을 넣어 주면 전기가 통하고, 흐르는 전류의 양도 조절할 수 있습니다.

2. 전기신호를 이용한 통신 기술의 역사는 진공 증폭 장치에서 시작됩니다. 진공 증폭 장치는 먼 거리까지 전기신호가 무사히 전달되도록 진공 증폭 장치를 이용해 중간중간 전기신호의 세기를 높여 줍니다. 하지만 많은 사람이 통신을 시도하면 신호가 끊기는 단점이 있었고, 이 점을 보완하기 위해 트랜지스터가 등장했습니다. 트랜지스터는 반도체를 세 겹으로 붙여서 전류나 전압의 흐름을 증폭시키는 역할을 하는 반도체입니다. 하지

관련 교과

초등 5학년 1학기 2. 전기 회로
초등 5학년 2학기 6. 전기 회로 꾸미기
중학교 3학년 6. 전류의 작용

5. 미래의 반도체

우리 생활에 많이 사용되는 반도체는 어떤 특성을 가지고 있으면 어떤 부분에 쓰일까요? 반도체의 종류와 특성을 알아보고, 개발되었거나 앞으로 개발되어 우리 생활에 많은 편리함을 줄 미래의 반도체들을 살펴보아요.

친숙한 메모리 반도체

메모리 반도체의 구분

반도체는 많은 곳에 쓰이며 종류도 매우 다양합니다. 여러 종류의 다양한 반도체를 구분하는 방법은 많이 있지만 정보를 저장하느냐 저장하지 않느냐에 따라 메모리 반도체와 비메모리 반도체로 나눌 수 있습니다. D램, S램, 플래시메모리 등이 메모리 반도체로서 정보를 저장할 수 있습니다. 마이크로컴포넌트(microcomponent), 로직(logic), 아날로그, 개별 소자, 광학반도체 등이 비메모리 반도체입니다.

각각의 이름이 모두 낯설고 어렵지요? 마이크로컴포넌트는 마이컴이라고도 부릅니다. 전자 제품 가운데에 자동화된 제품에 쓰이는 소형 음향 부품이 마이컴입니다. 로직은 제품을 통제하고 조절하며, 아날로그는 아날로그 정보를 다루지요. 개별 소자는 신호를 증폭시키거나 스위치 같은 역할을 하며, 광학반도체는 빛을 전기 신호로 바꾸어 줍니다.

이 책에서 우리에게 친숙한 메모리 반도체를 살펴볼 것입니다. 메모리 반도체는 정보를 저장할 수 있는 컴퓨터 부품으로서 반도체 분야 가운데 우리나라가 세계에서 가장 인정받고 있습니다.

아날로그

어떤 수치를 각도나 전류 같은 연속된 물리적 양으로 나타내는 일을 말합니다. 가령, 글자판에 바늘로 시간을 나타내는 시계, 수은주의 길이로 온도를 나타내는 온도계 같은 것이 아날로그에 해당하지요.

D램

D램은 dynamic RAM의 준말로서 역동적인 램이라는 뜻입니다. 역동적인 램이라는 이름이 붙은 이유가 있습니다. 정보를 기억하는 메모리 반도체이기는 하지만 전원이 끊어지면 정보를 모두 잃어버리는 데다 전원이 유지되는 중에도 서서히 정보가 날아가기 때문입니다. 이렇게 정보를 잃어버리는 탓에 전류가 계속 흐르도록 자극해 주어야 합니다. 이런 특성 때문에 역동적이라고 표현한 것입니다. D램의 장점은 다른 램보다 대용량을 저장할 수 있다는 것입니다.

D램의 단점을 보완한 것이 램버스 D램(rambus DRAM)입니다. 램버스 D램은 리프레시라는 장치를 달고 있습니다. 리프레시는 일정 시간마다 자료를 기억해 주는 장치예요. 계산기에서 숫자들을 계산하도록 저장하는 일도 리프레시가 담당합니다. D램에도 리프레시를 달아서 저장된 내용이 없어지지

않도록 도와줍니다. 램버스 D램의 이런 기능 때문에 많은 그래픽이 필요한 게임기에도 사용됩니다. D램은 전송 속도를 높이는 방향으로 계속 진화하고 있습니다.

계산기가 숫자를 계산하여 저장하는 것도 램버스 D램의 리프레시 장치 덕분이다.

S램과 플래시메모리

S램(static RAM)은 사용하는 전력의 양이 적으면서 정보를 처리하는 속도가 매우 빠른 램입니다. 그렇다면 D램보다 훨씬 좋을까요? 저장할 수 있는 용량면에서는 D램보다 못합니다. S램은 대용량으로 만들 수 없다는 단점이 있어요. 또한 전원을 공급할 때 정보를 기억하다가 전원이 꺼지면 모두 날아가는 메모리이지요.

전원이 공급되지 않을 때에도 정보를 기억할 수 있는 비휘발성 메모리는 없을까요? 비휘발성 메모리는 전원이 공급되지 않아도 기억하고 있던 정보가 사라지지 않는 메모리입니다. 우리가 매일 사용하는 컴퓨터 본체의 하드디스크도 비휘발성 메모리에 포함되지요. 문서를 작성하고 저장했다가 전원을 꺼도 그 기록이 사라지지 않잖아요.

비휘발성 메모리 가운데에 요즘 가장 주목받는 것은 플래시메모리입니다. 플래시메모리는 자주 전원을 켜고 꺼야 하는 제품에는 필수 요소랍니다. 전원을 끌 때마다 정보가 사라지면 전원을 끌 수 없기 때문이에요.

전원을 자주 켰다 끄는 제품에는 무엇이 있을까요? 디지털카메라, 휴대전화, MP3 등은 사진이나 음악 파일을 저장하면서 필요에 따라 전원을 자주 꺼야 하는 제품임으로 플래시메모리를 사용합니다. 요즘에는 내장형 메모리 카드 외에도 계속 바꾸어 낄 수 있는 메모리 카드가 나와서 훨씬 큰 용량을 사용할 수 있습니다.

플래시메모리는 크게 낸드플래시메모리(NAND flash memory)와 노어플래시메모리(NOR flash memory)로 나눌 수 있습니다. 낸드플래시메모리는 만드는 데 비용이 적게 들면서 쓰기 속도가 빠릅니다. 쓰기 속도란 정보를 메모리에 기억시키는 속도를 말해요. 낸드플래시메모리는 쓰기 속도가

컴퓨터의 하드디스크에는 비휘발성 메모리를 사용한다.

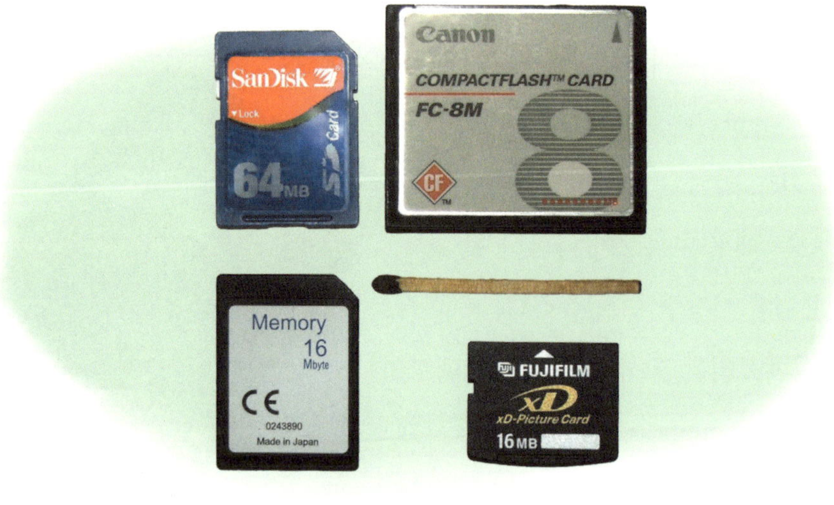

성냥개비 길이보다 작은 플래시메모리들. 휴대전화, 디지털카메라 등 전원을 자주 꺼야 하는 제품에 플래시메모리를 사용한다.

빠르면서 용량이 매우 크기 때문에 MP3나 디지털카메라에 많이 사용됩니다. 노어플래시메모리는 자료가 날아가거나 사라질 위험이 적은 편이며, 정보를 읽는 속도가 매우 빠릅니다. 기록해 놓은 정보를 읽어서 우리에게 보여주는 시간이 짧다는 말이지요. 그 대신 저장할 수 있는 용량이 작아서 휴대전화 칩에 많이 이용됩니다.

미래의 메모리들

램들을 이용해서 우리는 전자 제품을 만듭니다. 전자 제품의 크기가 점점 작아지면서 여러 램을 어떻게 사용해야 작은 부피에서 효율성을 높일 수 있을지 고민하기 시작했어요. 휴대전화가 진화하면서 요즘에는 휴대전화 하나로 사진을 찍고, 음악을 들으며, 인터넷을 사용하지요. 정보를 저장할 수 있는 플래시메모리, 빠른 통신을 위한 S램, 동영상을 볼 수 있도록 해 주는 D램 등이 모두 필요해요. 하지만 이런 램들을 전부 휴대전화에 넣으면 전화의 크기가 커져 버립니다. 그래서 차세대 메모리가 개발됐습니다.

MPC(multi-project chip)는 플래시메모리, S램, D램 등 여러 메모리 칩의 좋은 점을 하나로 모아 놓아 만든 칩입니다. 뷔페에 가면 맛있는 음식이 많지만 우리는 원하는 것들만 접시에 담아 오지요. 각각의 반도체도 이런 식으로 필요한 점만 모아 놓습니다.

퓨전 메모리도 발명되었어요. 하나의 칩 안에 여러 가지 메모리 반도체를 결합한 것입니다. MPC가 여러 가지 요리를 담아 온 접시와 같다면 퓨전 메모리는 그 요리들을 섞어서 하나의 새로운 요리로 만든 것입니다. 이 외에도 새로운 재료로 현재 나와 있는 메모리들의 장점만을 모아 둔 미래형 통합 메모리 개발에 힘쓰고 있습니다.

지금은 거의 모든 사람이 휴대전화를 사용하지요. 이 휴대전화에는 모바

일 반도체라는 것이 쓰입니다. 모바일 반도체란 휴대전화나 PDA와 같이 이동성을 가진 모바일 제품에 들어가는 반도체입니다. 이동하면서 사용하기 때문에 크기는 작아야 하고 전력 소비가 작아 오랜 시간 동안 사용할 수 있는 형태로 개발되었습니다.

이런 모바일 반도체 중 CIS(CMOS image sensor) 반도체는 카메라에 쓰입니다. 카메라 렌즈를 통해 들어오는 빛을 전기신호로 바꾸어 저장할 수 있게 해 주는 반도체예요. 카메라에 이 반도체는 필수로 들어가겠지요?

카메라마다 200만 화소, 500만 화소 같은 말이 붙어요. 사진이 얼마나 세밀한지를나타내는 수치입니

모바일

정보통신에서 이동성을 가진 모든 것을 가리킵니다. 본래 '움직일 수 있는'이라는 뜻이에요. 휴대전화나 PDA 등과 같이 손으로 들고 다니므로 가볍고 작다는 특징이 있습니다.

PDA

personal digital assistants의 약자로서, 휴대용 개인 정보 단말기라고도 부릅니다. 개인의 정보를 관리하거나 컴퓨터와 정보를 주고받을 수 있는 휴대용 컴퓨터인 셈입니다. 손으로 정보를 직접 써서 입력할 수도 있고, 무선 인터넷도 가능합니다.

휴대전화 같은 이동성 제품에는 모바일 반도체가 쓰인다.

교통 카드도 반도체 칩이 들어간 스마트 카드의 한 종류이다.

다. 바로 이 화소를 결정하는 것도 어떤 CIS 반도체를 사용했느냐에 따라 달라집니다.

스마트카드도 이런 반도체의 발달로 이용할 수 있게 되었습니다. 스마트카드란 스마트카드 칩이 들어 있는 전자식 카드를 일컫습니다. 버스를 타고 내릴 때 쓰이는 교통카드도 스마트카드의 한 종류입니다. 이 스마트카드는 메모리 기능뿐만 아니라 읽기, 쓰기 기능과 보안 기능까지 강화된 카드입니다. 그래서 교통 카드로서만이 아니라 여러 가지 보안 카드나 자신의 정보를 기록한 카드 등으로 쓸 수 있어요. 미래에 이 스마트카드는 더욱 발전할 것이고 더 많은 곳에서 이용될 것입니다.

화소

텔레비전이나 전송 사진 등에서 화면을 구성하는 최소 단위의 명암의 점을 가리킵니다. 화면 전체의 화소 수가 많을수록 섬세한 화면을 얻을 수 있어요. 흔히 "해상도가 높다"라고 표현하지요.

반도체의 미래

무한히 발전할 수 있는 나노반도체

우리는 이제까지 나노기술과 반도체에 대해 배웠습니다. 매우 작은 단위의 규모를 조작해 물건을 만드는 나노기술이 바로 반도체 산업의 핵심입니다. 하지만 아직까지 나노기술은 100nm 정도를 조작하는 수준이라고 합니다. 만약 나노기술이 더욱 발달해서 점점 더 작은 단위를 조작할 수 있게 된다면 반도체는 더욱더 발전하겠지요? 훨씬 빠르게 많은 정보를 저장하고 읽을 수 있게 될 것입니다. 이것을 '나노반도체' 라고 부릅니다.

나노반도체는 손톱만 한 크기의 칩에 온 세상의 책을 다 넣을 수 있게 될 정도로 무한히 발전할 수 있는 분야입니다. 인간의 뇌를 닮은 로봇, 컴퓨터를 만들거나 생각하는 가전 제품도 나오게 될 것입니다.

새로운 메모리 반도체 – M램, P램, F램

현재까지 쓰이는 메모리 반도체는 D램, S램, 플래시메모리입니다. 이 메모리 반도체의 다음 주자로 개발되는 것들이 있습니다. 우선 M램(magnetic RAM)은 S램과 비슷하게 정보를 빠르게 기록하고 재생할 수 있습니다. 동시에 D램처럼 대용량이며 만드는 데 적은 비용이 들며, 소비 전력도 작습니다. 이미 여러 나라가 개발하고 있어요.

SoC 반도체는 여러 가지 메모리의 좋은 기능들을 묶어 놓은 기술 집약적 반도체이다.

P램은 SoC(system on chip) 반도체로서 만들기 쉽다는 장점이 있습니다. SoC 반도체란 미래형 반도체로, 여러 가지 메모리의 좋은 기능을 묶어 놓은 것입니다. 이런 반도체를 통틀어 SoC 반도체라고 하며, 앞으로의 반도체는 SoC로 개발될 가능성이 높습니다.

M램을 만드는 데에도 적은 비용이 들지만 P램(phase-change RAM)은 개발되고 있는 모든 차세대 반도체 가운데 가장 적은 비용으로 생산할 수 있습니다. 다른 램에 비해 읽고 쓰는 횟수도 많을 뿐 아니라 고온에서도 정보를 오래 저장할 수 있지요.

마지막으로 F램(ferroelectric RAM)은 D램과 거의 같은 구조입니다. 하지만 D램보다 동작의 속도가 빠르다는 점, 전력을 적게 소비한다는 점이 장점입니다. 또한 전원을 제거했을 때 정보를 보존할 수 있는 기간이 10년 이상이며 플래시메모리보다 열 배 이상 빠른 속도로 읽고 쓸 수 있습니다.

환경과 사람을 생각하는 그린 반도체

성능이 좋은 반도체뿐 아니라 그린 반도체라는 분야도 많이 개발되고 있습니다. 그린 반도체는 만드는 과정에서 사용되는 환경오염 물질이나 사람의 몸에 해로운 납, 카드뮴, 수은 같은 중금속을 사용하지 않는 친환경 반도체를 말합니다. 성능이 좋은 데다 친환경적인 요소까지 더해진다면 최고의 반도체가 될 것입니다.

유비쿼터스 세상

미래형 반도체는 개발되는 단계에 있어서 아직 실제로 생활에 사용할 수는 없습니다. 하지만 성능이 좋으면서도 환경과 사람에게 유익한 반도체가 실제로 쓰이면 유비쿼터스 세상이 열릴 것입니다. 유비쿼터스 세상은 컴퓨터가 주변에 많이 있지만 우리는 그것을 인식하지 못하고 사용하게 되는 환경을 말합니다. 유비쿼터스 환경이 이루어지기 위해서 필요한 것이 작은 컴퓨터이고, 작은 컴퓨터를 만들 수 있는 것이 작은 반도체이며, 작은 반도체를 만들 수 있는 것이 나노기술입니다.

점점 발전하는 나노기술은 점점 더 작은 컴퓨터를 만드는 데에 이바지할 것입니다. 이 작은 컴퓨터가 사람의 생활 곳곳에 들어와 지금보다 더욱 편리하게 생활할 수 있는 환경을 곧 만들어 줄 것입니다.

유비쿼터스

언제, 어디에서나 존재한다는 뜻의 라틴어로 사람이 네트워크나 컴퓨터를 의식하지 않고 장소에 상관없이 자유롭게 네트워크에 접속할 수 있는 정보통신 환경을 말합니다.

TIP 요건 몰랐지?

그래핀

현재 반도체의 재료로 가장 많이 쓰이는 것은 규소입니다. 하지만 전문가들은 그래핀으로 만든 반도체가 훨씬 더 많아지리라 예상하고 있습니다.

그래핀은 탄소나노튜브처럼 탄소가 연결되어 만들어진 것입니다. 하지만 튜브 형태가 아니라 평면에 탄소가 연결된 모양이에요. 이것이 실제 쓰이면 접을 수 있는 컴퓨터, 종이 같은 컴퓨터 등이 개발될 수 있습니다.

그래핀은 규소보다 훨씬 좋은 재료이지만 반도체로 쓰일 만큼 크게 만들 수는 없습니다. 하지만 우리나라 성균관대학교 나노과학기술원에서 넓은 면적의 그래핀을 만들어 냈습니다. 미래의 반도체가 곧 우리 생활에 쓰일 날이 머지않았습니다.

그래핀 구조 모형. 탄소나노튜처럼 튜브 형태가 아니라 평면에 탄소가 연결된 모양이다.

Q&A 꼭 알고 넘어가자!

문제 1 메모리 반도체 가운데 D램은 전원이 끊어지면 정보가 날아가 버립니다. 이 문제를 보완한 램은 무엇인가요?

문제 2 모바일 반도체 가운데 CIS 반도체는 어디에 쓰이며, 어떤 기능을 담당하나요?

3. 유비쿼터스란 언제, 어디에서나 존재한다는 뜻의 라틴어로 사람이 컴퓨터를 의식하지 않고 장소에 상관없이 자유롭게 통신망에 접속할 수 있는 정보통신 환경을 말합니다. 이 환경이 실현되기 위한 첫째 조건이 작은 컴퓨터이며, 작은 컴퓨터는 뛰어난 반도체 기술이 있어야 하고, 뛰어난 반도체는 나노기술이 발전해야 실현될 수 있습니다.

문제 3 반도체 기술이 더욱 발전하면 유비쿼터스 세상이 옵니다. 유비쿼터스란 무엇인가요?

정답

1. 램버스 D램입니다. 램버스 D램은 리프레시 장치를 달고 있습니다. 일정 시간마다 리프레시 장치가 자료를 기억함으로써 D램의 결정적인 단점을 보완했습니다. 계산기에서 숫자들을 기억해 계산하도록 저장하는 것도 리프레시가 담당합니다.

2. CIS 반도체는 카메라에 쓰입니다. 카메라 렌즈를 통해 들어오는 빛을 전기신호로 바꾸어 저장할 수 있게 해 줍니다. 사진이 얼마만큼 세밀하게 찍히는가를 나타내는 화소도 어떤 CIS 반도체를 사용했느냐에 따라 달라집니다.